心动力丛书

整理人生

日本 Ascom 编辑部 编
陈宝剑 译

中国科学技术出版社
·北京·

图书在版编目（CIP）数据

整理人生／日本Ascom编辑部编；陈宝剑译．－－北京：中国科学技术出版社，2023.6

（心动力丛书）

ISBN 978-7-5236-0156-3

Ⅰ.①整⋯ Ⅱ.①日⋯ ②陈⋯ Ⅲ.①人生哲学—通俗读物 Ⅳ.① B821-49

中国国家版本馆CIP数据核字（2023）第055945号

Original Japanese title: 'YARANAIKOTO' WO KIMEYOU.
Copyright © Ascom, Inc. 2021
Original Japanese edition published by Ascom, Inc.
Simplified Chinese translation rights arranged with Ascom, Inc.
through The English Agency (Japan) Ltd. and Shanghai To-Asia Culture Co., Ltd.

著作权合同登记号：01-2023-1893

策划编辑	符晓静　王晓平
责任编辑	王晓平
封面设计	沈　琳
正文设计	中文天地
责任校对	吕传新
责任印制	徐　飞

出　　版	中国科学技术出版社
发　　行	中国科学技术出版社有限公司发行部
地　　址	北京市海淀区中关村南大街16号
邮　　编	100081
发行电话	010-62173865
传　　真	010-62173081
网　　址	http://www.cspbooks.com.cn

开　　本	880mm×1230mm　1/32
字　　数	125千字
印　　张	6.25
版　　次	2023年6月第1版
印　　次	2023年6月第1次印刷
印　　刷	北京荣泰印刷有限公司
书　　号	ISBN 978-7-5236-0156-3/B·128
定　　价	58.00元

（凡购买本社图书，如有缺页、倒页、脱页者，本社发行部负责调换）

前 言

◆ 一旦学会整理，人生就开始有了变化

你每天"想做的事情"和"不想做的事情"哪个多？想必有很多人会回答"不想做的事情"更多吧。"没有干劲的工作""麻烦的家务""不顺心的人际交往"……其实，有很多"必须做"的事情对于想过更充实的日子的你来说，很难顺利进行……笔者认为很多人都会这样想。

那么，要增加"想做的事情"的比例，该怎么做呢？那就是学会整理。学会整理就是"明确做和不做"，弄清楚自己要做的和不要做的事情，这样就能把时间和精力集中到对自己真正重要和想做的事情上。那么，该如何学会整理呢？这就需要用到本书所介绍的四个盒子法则。对你来说，什么是"要做的事情"，什么是"不要做的事情"？用这个法则可以明确区分。另外，这个法则还可以为你提供对于"虽然不想做，但无论如何必须要做的事情"的处理方法，帮助你消除"原本就找不到想做的事情"的烦恼。可以说，四个盒子法则，能让你的人生更有意义、更加幸福。

◆ 人生最重要的两个关键词：爱（LOVE）和需要（NEED）

四个盒子法则道理很简单，既不需要花钱，也不需要花时间，只需要纸和笔以及你想要改变人生的想法。第一，你在纸上画个十字；第二，试着在纵轴上写LOVE和NO LOVE，在横轴上写NEED和NO NEED（参照下图）。

LOVE：你所爱的东西；
NEED：你认为你需要的东西，或者需要你的东西。

这个 LOVE 和 NEED 的十字法则，就是你获得幸福的关键。你对 LOVE 和 NEED 的认识有多深刻，你的人生就会有多大的变化。请一定牢记于心。

◆ 戏剧性改变人生的四个盒子的构造

正如上图所示，你通过写 LOVE 和 NEED 的十字，产生了四个盒子，给每个盒子做如下分类：

- "金盒子"（右上）：既是 LOVE，又是 NEED；
- "银盒子"（左上）：是 LOVE，但不是 NEED；
- "灰盒子"（右下）：不是 LOVE，但是 NEED；
- "黑盒子"（左下）：既不是 LOVE，也不是 NEED。

用四个盒子法则做的工作，只有这些。

将你的人际关系、工作、日常生活等分成四个盒子，可以清楚地看到你真正 LOVE 和 NEED 的事情。每天，当你意识到 LOVE 和 NEED 时，你的行动自然会改变，生活也会向好的方向迈进。你会想到"很高兴""好玩""兴奋""有成就感""被治愈""好吃"等让人感到幸福的事情和行动。这个时候，你是不是遇到了让你 LOVE 的事情？更幸福的事情应该既是 LOVE 又是 NEED 的。可是，为什么只有 LOVE 和 NEED？这是因为人本来拥有的欲望只有靠 LOVE 和 NEED，才能得到满足。其实，人生最重要的事情很简单，只有 LOVE 和 NEED 这两样东西。

　　例如，假设你喜欢吃甜食，你的眼前有一个看起来很好吃的大蛋糕。对你来说，吃这个蛋糕，绝对是 LOVE。但是蛋糕富含糖类、热量高，对于在意体重的你来说它又是天敌，吃了蛋糕可能会让你变胖。这样想的话，这个大蛋糕对于你的健康来说不是必要的，所以不是 NEED。所以对你来说，蛋糕虽然是 LOVE，但不是 NEED，也就是应该归类到"银盒子"。另外，假设你开始跑步了。原本就喜欢跑步的你，通过跑步能转换心情和释放压力，能让你感受到快乐。这对你来说是 LOVE 吧！当然，跑步对健康也有好处，你缺乏运动的状况也会得到改善，所以是 NEED。对于你来说，跑步既是 LOVE，又是 NEED，也就是应该归类到"金盒子"。就这样，你可以根据是 LOVE 还是 NEED，区分所有的事情。

◆ 用四个盒子法则了解烦恼产生的原因和解决方法

　　首先，从把你现在所处的状况分成四个盒子开始吧。只有这样，你才能明确烦恼产生的原因，或者得到新的发现。即使是觉得毫无意义的事情，你也能利用四个盒子法则找到解决的线索。那么，怎样才能解决烦恼和难题呢？

简单来说，其解决方法：首先，把既不是LOVE也不是NEED的"黑盒子"里的东西丢掉；然后，减少不是LOVE而是NEED的"灰盒子"里的东西。稍后会详细说明，如何把"灰盒子"里的东西移入"黑盒子"，或者换个角度放入"金盒子"。这样不仅能消除烦恼，还能把烦恼和难题变成喜悦。为了改变人生，你要增加"金盒子"与"银盒子"里的东西。特别是，当"金盒子"被填满时，你的每一天都将是戏剧性美好的一天。我们中的许多人被填满"灰盒子"和"黑盒子"的、毫无意义的"不必做的事情"所干扰，浪费了宝贵的时间。

在第5章，你可以切实尝试一下，如果你把一天的行动放在四个盒子里，你会发现很多事情是你不想去做，但却让你无可奈何的。例如，没有意义的工作、令人讨厌的家务、不感兴趣的应酬、往返2小时的上下班通勤、无意义的购物、不想看的电视剧以及不得已与大家在聊天软件上进行交流……这样的"不想做的事情"，占据了你每天的大部分时间。但是只要你实践这四个盒子法则，就能从这种"浪费时间"的情景中解放出来。

把人际关系、工作、日常生活等人生的所有事情都分成四个盒子，你就能获得自己真正想构筑的人际关系、真正想做的工作、真正舒适的日常生活、想要成为的真正的自己以及真正想要度过的人生。也就是说，你要更加珍惜自己的人生。具体的说明和方法会在后面讲解，首先用四个盒子法则把重要的事情做个总结吧。

❶ 弄清楚"灰盒子"和"黑盒子"里面的东西（觉察）；
❷ 每天都有"金盒子"的意识（习惯化）；
❸ 丢掉"黑盒子"和"灰盒子"里的一部分东西（去除烦恼的种子）；
❹ 增加"金盒子"里的东西（拉近幸福）。

当你觉得事情不顺利，想找到解决方法时，把每件事情都放在四个盒子里，而且坐标轴只有 LOVE 和 NEED。只有这样，你的生活才会发生很大的变化。学会整理，就能按照你的想法完成"能做自己想做的事情的人生"。现在，或许你会在心里说："有那么容易吗，一定会很顺利吗？"本书所思考并实践的四个盒子法则，应该能让你切实感受到成功。本书中，笔者会和小助手"四叶子"一起思考。"四叶子"会替你代言你所抱有的疑问、不安和觉察到的事情。另外，通过和"四叶子"一起思考人生，你应该可以更自由地运用四个盒子法则。

本书在 2015 年 3 月由敝公司发行的《整理不舒畅的人生：四个盒子的法则》的基础上，更改了标题，并润色修订追加了一部分内容。

我叫四叶子，请多多关照！

目 录

第 1 章 通过 LOVE 和 NEED 学会整理 ………… 1

- 01 幸福不是别人给的，而是自己创造的 ………… 2
- 02 度过无悔人生的充分必要条件 ………… 6
- 03 立即增加 LOVE 和 NEED ………… 9
- 04 只有 LOVE，才会让你幸福 ………… 12
- 05 我们需要探讨 NEED 是否真的必要 ………… 16
- 06 经济因 LOVE 和 NEED 而生利 ………… 20
- 07 为什么 LOVE 和 NEED 能成功 ………… 22

第 2 章 利用四个盒子法则重新整理你的日常生活 … 27

- 01 你的日常生活没有那么糟糕 ………… 28
- 02 养成总是想象四个盒子的习惯 ………… 32
- 03 把"黑盒子"放空 ………… 36
- 04 把"灰盒子"里的东西转移到"金盒子"，你的人生会有戏剧性的变化 ………… 40
- 05 把"银盒子"里的东西转移到"金盒子"，一切都会好起来的 ………… 44
- 06 扩大"金盒子"的容量 ………… 48

第 3 章　通过 LOVE 和 NEED 理顺人际关系 … 53

- 01　想想真正重要的人是谁 … 54
- 02　把熟人当"朋友" … 58
- 03　击败不喜欢的对手 … 62
- 04　把工作对象分成四个盒子 … 66
- 05　把不喜欢的上司放入"金盒子" … 70
- 06　使用四个盒子改善与恋人、伴侣的关系 … 76
- 07　使用四个盒子吸引力法则拓宽人脉 … 82

第 4 章　通过 LOVE 和 NEED 把工作分类 … 87

- 01　想想你的工作会进入哪个盒子 … 88
- 02　"灰盒子"的工作是否真的有必要 … 90
- 03　把 NEED 的工作变成 LOVE … 94
- 04　想一想迄今为止工作中最令你开心的事 … 100
- 05　制作四个盒子待办清单 … 104
- 06　制作想反复看的"四个盒子笔记" … 107
- 07　用四个盒子集思广益，提高会议质量 … 110
- 08　制订"四个盒子营销策略" … 112
- 09　用四个盒子思维法创新 … 116
- 10　实践持续有干劲的四个盒子学习法 … 120

第 5 章　通过 LOVE 和 NEED 把生活分类 … 125

- 01　把从早上起床到晚上睡觉的行动分成四个盒子 … 126

02	用四个盒子丰富你的饮食生活	131
03	想想衣服是 LOVE 还是 NEED	135
04	用四个盒子整理术让家和房间变得舒适	139
05	重新看看你在家里做什么	145
06	家务不仅仅是 NEED	149
07	跟那些明明该放弃又很难放弃的东西说再见	153
08	用四个盒子存钱	157

第 6 章 通过 LOVE 和 NEED 实现梦想 ……… 163

01	写下你已实现的梦想	164
02	找到你人生中真正想得到的东西	169
03	找到实现梦想的路标	172
04	明确自己的使命	176
05	写下所有你应该采取的行动	180
06	用 LOVE 和 NEED 保持动力	184

结　语 …………………………… 187

第 1 章

通过 LOVE 和 NEED 学会整理

通过 LOVE 和 NEED 学会整理

幸福不是别人给的，而是自己创造的

✦ 是否幸福由自己决定

幸福到底是什么？成为有钱人，出人头地，和好搭档在一起，还是做对他人有益的工作？

❀ "真的是这样吗？"

确实，幸福不仅如此。昨天得到的幸福，明天可能会消失。即使吃着好吃的东西度过幸福的时光，幸福也不一定能持续到第二天。而且即使成为有钱人，是否真的幸福也让人怀疑。因为你成为有钱人后，可能会有很多烦恼和焦虑，可能会想要更多的钱。

❀ "幸福的标准是什么？"

其实，幸福没有明确的标准。所以，我们不知不觉就和别人进行比较，通过和别人比较，确认自己是否幸福。"比起那个人，我有工作""我比这个人幸运""我比那个家伙聪明""我住在好房子里"，等等。

❀ "但是和人相比也没办法确认自己是否真的幸福吧？"

没错。和别人相比，没什么意义。就算以胜负来竞争幸福与否，人外还有人，所以你永远不可能成为第一。重要的是把目光投向自己，而不是别人。最重要的是"幸福

整理人生

与否由自己决定"。如果有1000个人,就有1000种幸福。不是拿别人的尺子,而是用自己的尺子来衡量,这是获得幸福的唯一方法。只要你知道这一点,答案就很简单了。选择自己爱的东西,活下去就行了,这才是幸福之路。想象一下吧。与所爱的人一起生活,与所爱的伙伴一起做自己喜欢的工作,在所爱的家里充满了所爱的东西,与所爱的朋友谈笑……光是想一想,就会很兴奋。如果你能度过这样的人生,一定会幸福的。

◆ 最重要的是"你觉得怎么样"

"但是只有 LOVE,就能生活下去吗?"

遗憾的是,现实并非如此。你不能只做自己喜欢的工作,也不是只被心爱的伙伴所包围。另外,你也不可能永远一整天都思念着心爱的人。有时你们会吵架,有时你也会很烦躁。

"那么,你还需要什么?"

关键在于什么是"需要(NEED)"。例如,为了生存需要,虽然很麻烦,但是必须要去做的工作。更重要的是,你认为你在这个世界上需要的是什么。为什么这么说呢?因为只要你能创造出社会所需要的东西,就能获得被赞美的喜悦。重点是你"自己怎么想"。主体自始至终都是你自己，而不是别人。也就是说，从四个盒子的角度来说，最重要的是，你自己是感受到 LOVE，还是你认为你自己是 NEED。

通过 LOVE 和 NEED 学会整理

度过无悔人生的充分必要条件

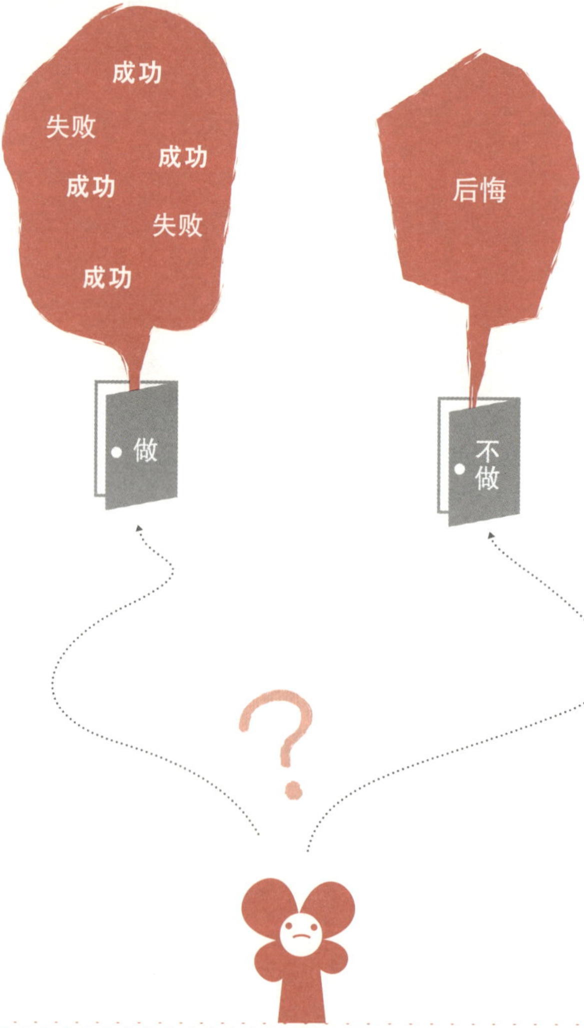

◆ 人会后悔自己没做过的事

人们往往会后悔自己没有做过的事情。例如,"在更年轻的时候,挑战××就好了",这样的话我们经常听到。

❀ "你为什么会后悔没做过的事?"

这可以用脑科学来解释。虽说是脑科学,其实一点儿也不难。一方面,你可以真实地回忆你做过的事情,不管是好的,还是坏的,都是作为现实出现的,所以可以具体地回忆起来;另一方面,对于你没有做的事,只能在脑海中想象。人的大脑运作良好,在脑海中基本上只能想象好的事情。例如,你想象一下自己中了3亿日元的彩票。你一定是只想着好的事情吧。其实,虽然现实中肯定会有不好的事情发生,但这种事情是无法想象的。也就是说,没做过的事情实际上是没有发生的事情,所以大脑只想象好的事情。"如果你上了一所好大学""如果你在大公司工作""如果你换了工作""如果你独立创业""如果你嫁给一个有吸引力的伴侣"……人的大脑只能思考像梦一样的东西,"如果这样,那一定是发生了美好的事情"。所以,比起实际做过的事情,人更后悔没有做过的事情。

❀ "那么,为了不后悔,什么都挑战不就好了吗?"

没错!相比"不做的后悔","做过的后悔"更好,这

 整理人生

是谁都会承认的吧。即使挑战了,也有不顺利的情况。比如,你会后悔"为什么那个时候我做了轻率的事情呢"?但是这也是一种经验,你可以以失败为食粮继续成长。失败和后悔是一样的。失败是成功之母,但光是后悔(特别是什么也没做的后悔)是没有任何用处的。行动即使不顺利,也会产生失败的经验。也就是说,即使是失败了,也比没做过要好得多。

✦ 发现真正爱、真正需要的东西

当然,对有些人来说,挑战是很困难的。有些人不能辞去现在的工作,也没有自由的时间。有些人不知道该挑战什么。

❀ "你找不到想做的事情吧?"

于是,四个盒子出现了。四个盒子用 LOVE 和 NEED 来区分各种各样的东西。"是爱,还是不爱?""是需要,还是不需要?"当你把各种东西分成四个盒子时,你会发现你真正爱的是什么,真正需要的是什么。同时,你也会清楚地知道现在自己不需要的东西。迈向无悔人生的要点是,要看清你认为的爱和需要是什么,然后迈出第一步来实现它。这样的话,等到年纪大了之后,就不会后悔"年轻的时候,再××一点就好了"。这四个盒子一定会让你的人生变得有意义。

通过 LOVE 和 NEED 学会整理

立即增加 LOVE 和 NEED

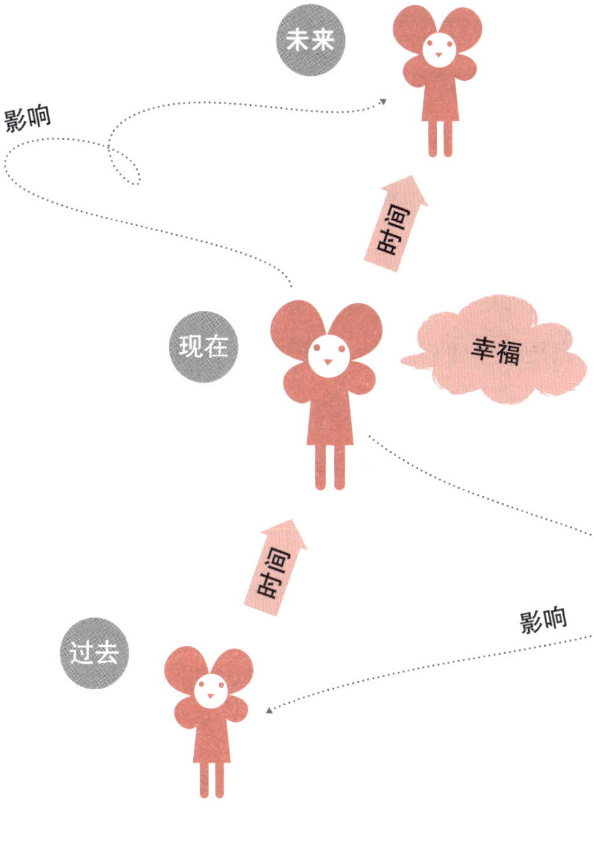

整理人生

❖ **活出自己想要的样子**

很多人一边想着"总有一天会过上自己喜欢的生活",一边照旧过着每一天。"总有一天会有很棒的人出现""总有一天会有快乐的工作""总有一天会在南方的小岛上生活""总有一天会到全世界旅行"……

"那个'总有一天',到底是什么时候呢?"

虽然我很理解对未来抱有希望的那种"总有一天会幸福"的心情,但我想说的是,你只要想着"总有一天",就很难幸福。那么,现在不幸福的人,怎样才能获得幸福呢?为了解释这一点,我们再来谈一谈脑科学吧。我们生活在一个三维世界里。在三维世界里,你可以自由移动。如果你想去巴黎,你就可以去巴黎;如果你想去太空,你就可以去太空。不管是否真的能去,但从技术上来说,人类是可以飞到太空的。而且这个世界还有另一个维度——时间维度。时间与空间不同,不能自由往来。至少对于生活在这个世界上的我们来说,是这样的,但在脑科学中,我们多少会有不同的看法。如果乘坐只有人类才具备的"思考"这种"交通"工具,你就可以自由地回到过去,也可以去往未来。你可以乘坐"记忆"这种"交通"工具回到过去,也可以乘坐"想象"这种交通工具去往未来。我们利用记忆,随时在喜欢的时候回忆过去,这就像到过去旅行一样。而且通过想象，你也可以去往未来。我们感知到眼前发生的事情，并向大脑发送电信号。不仅仅是眼前的影像，即使是记忆和想象这样的思考，大脑也会做出同样的反应。

◆ 过去和未来可以改变

🌸 "这跟幸福有什么关系？"

记忆和想象是可以改变的，这一点很重要。与知觉不同，记忆和想象会扭曲现实，而且你目前的处境会影响你的记忆和想象。例如，假设你现在处于不幸的深渊，那么你就会感叹过去，认为自己经历的失败是"当时的过错"，你也会对未来感到不安，认为"这样下去是不行的"。相反，如果现在的你很幸福，即使经历同样的失败，你会把过去的失败当成笑话，也会对未来充满信心，认为自己肯定会幸福。也就是说，人的大脑对目前的情况非常敏感。

🌸 "过去和未来是可以改变的吗？"

可以。如果你想有一天变得幸福，那么你就必须要"现在"幸福。从现在开始，你要通过 LOVE 和 NEED 把你正在建立的人际关系、正在做的工作、生活状况等进行分类。这对于你获得幸福非常重要。如果你在现在的生活中增加 LOVE 和 NEED，那么过去自然就会成为美好的回忆，未来就会变得光明。

通过 LOVE 和 NEED 学会整理

只有LOVE，才会让你幸福

试着写一下你最近做的 LOVE 的事情吧！
（仅限于自己做的事情）

① ....
② ....
③ ....
④ ....
⑤ ....
⑥ ....
⑦ ....
⑧ ....
⑨ ....
⑩ ....

✦ 试着写一下你认为 LOVE 的事情吧

那么，最近令你 LOVE 的事情是什么呢？希望你可以至少写出 10 件，高兴的事、开心的事都可以。不过，还是仅限于自己做过的事情吧。例如，下面的这些：

- 吃了美味的午餐
- 工作计划通过了
- 被上司表扬了
- 找到了一个开心的视频
- 被电影感动哭了
- 读了一本有趣的书
- 认识的人都很棒
- 买了一件可爱的衣服
- 下定决心剪了头发
- 股票赚了钱
- 去喝了酒
- 找到了一家好吃的面包店
- 去了卡拉 OK
- 计划庆祝朋友的生日
- 买了首饰
- 交了志趣相同的朋友
- 吃了烧烤

 **整理人生**

- 发现了一家又便宜又好吃的店
- 去泡了温泉

事情不在于多少，想到多少就写多少。写出之后，请仔细观察它们，并回忆一下你当时的心情。

❁ "总觉得很幸福？"

是的。如果你只记得LOVE的事情，一定会觉得很幸福吧。这就是"获得幸福的LOVE效果"。当然，LOVE有使人幸福的力量。

 **成为想成为的自己，做自己想做的事情**

人的大脑不会同时思考幸福的事情和不幸的事情。你曾有过幸福时光与不幸福时光并存的时候吗？请你好好想一下。无论你多么失落，只要有了心爱的恋人，你应该会一下子幸福起来。之前烦恼的事情，是不是也无所谓了？也就是说，如果一直想着LOVE的事情，你一定会幸福的。另外，LOVE也有满足自己需求的力量。它可以让你成为想成为的自己，也可以让你做自己想做的事。追求LOVE，自然就能自我实现。

❁ "可是，我们不能只靠LOVE活下去吧？"

你说得很对。只要过上LOVE的生活，你的人生就能幸福。遗憾的是，这是纸上谈兵，现实社会并不是那么甜蜜的。因此，迄今为止不是 LOVE 的事情，却被认为是 LOVE，也就是说需要一种"错觉"的技法。如果喜欢和讨厌是由自己决定的，那么无论什么事情只要有 LOVE 就可以（详细的方法会在后面叙述）。但是生活中仅仅有 LOVE，是不能让你幸福的，所以作为另一个轴的 NEED 就变得重要起来了。

通过 LOVE 和 NEED 学会整理

我们需要探讨 NEED 是否真的必要

试着写一下最近你觉得是 NEED 的事情吧！
（不过，仅限于你自己觉得必要的事情）

1.
2.
3.
4.
5.
6.
7.
8.
9.
10.

第 1 章　通过 LOVE 和 NEED 学会整理

◆ **认为必要的事情，其实并不那么令人开心**

接下来，让我们考虑一下 NEED 的事情。和刚才 LOVE 的事情一样，试着写出至少 10 件你最近认为必要的事情。不过，仅限于你自己认为必要的事情。多或少都无所谓，尽情地写吧。例如，如下的这些：

- 因为灯泡坏了，所以买了新的
- 参加了志愿者活动
- 完成了上司吩咐的工作
- 修理了爆胎的自行车
- 整理了堆积的衣物
- 因为突然下起了雨，所以买了一把伞
- 读了一本对工作有帮助的书
- 完成了企划书
- 报销了费用
- 打扫了房间
- 午饭吃了便利店的便当
- 买了工作用的衣服
- 回复了邮件
- 利用闲聊时间，浏览了新闻
- 通过邮购买了健身器材
- 参加了公司内部的酒会

整理人生

- 听了朋友的烦恼

那么，和 LOVE 一样，在 NEED 的情况下，请你回忆一下当时的心情。遗憾的是，你没有体会到回忆 LOVE 时的那种幸福感。因为你写出来的只是你认为在工作和生活中有必要做的事情，它们中的很多都和幸福没有直接的关系。

✦ 让你远离幸福的、邪恶的事情

❀ "但是你认为必要的事情就真的是必要的吗？"

的确，一些 NEED 的事情中可能包括你认为有必要，但却不是必要的。例如，上司吩咐给你的工作，是上司认为必要的，但是从你的角度来看，这或许完全不是必要的。因此，在你列出 NEED 的事情中，你有必要重新考虑一下它是否真的必要。

探讨 NEED 是否真的必要，也意味着要解读其行为背后的意义。为了什么而这样做，又是为了谁而这样做呢……如果仔细考虑这些，NEED 的事情有时就会变成 LOVE 的事情，也会成为发现实际上既不是 LOVE 也不是 NEED 的事情的契机。NEED 的事情，大致可以分为 3 类。

①既是 NEED，又是 LOVE 的事情（→"金盒子"）；

②是 NEED，但不是 LOVE 的事情（→"灰盒子"）；

③既不是 NEED，也不是 LOVE 的事情（→"黑盒子"）。

这里非常重要的就是，是 NEED 但不是 LOVE，最后进入"灰盒子"的这些事情。被分类到"灰盒子"的事情，才是真正让你远离幸福的、邪恶的事情。上司所说的必要的工作，因为别人也在做，所以自己也觉得是必要的……首先，你必须要排除这些东西。不过，你要看清楚自己是否真的需要它，这需要一些思考的诀窍。详细情况会在第 2 章说明。

通过 LOVE 和 NEED 学会整理

经济因 LOVE 和 NEED 而生利

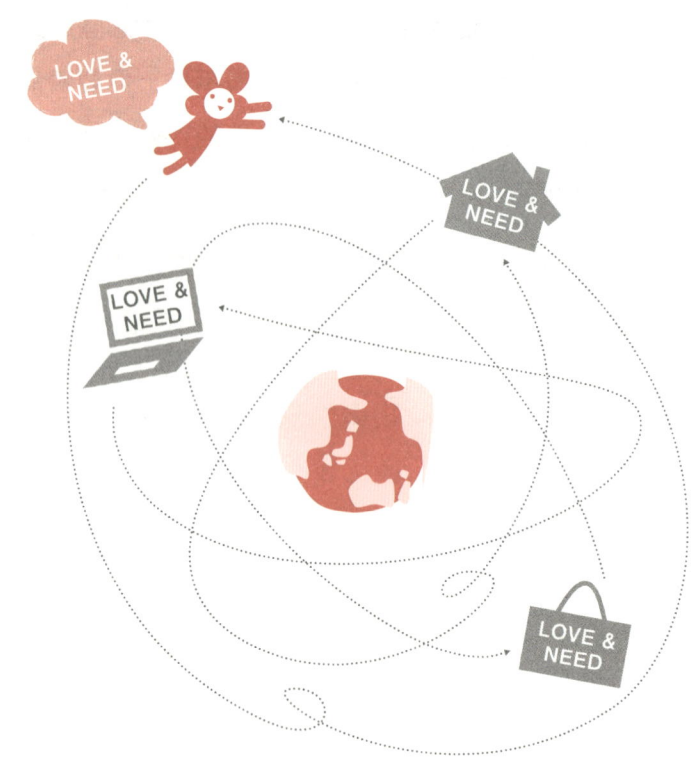

✦ 热门商品是 LOVE 和 NEED 的合体

首先请你想一下世界上受欢迎的热门商品。

iPhone 和 iPad 等苹果公司的产品、微软公司的 Windows 和 Office、优衣库的保暖吸汗内衣、戴森的旋风除尘器、iRobot 公司的机器人吸尘器、丰田的普锐斯、宝洁的 Fabries……除此之外，还有智能手机、汽车导航、谷歌的搜索功能、YouTube、Facebook、LINE、亚马逊、乐天市场、百乐公司的可擦笔（FRIXION）、3D 打印机；另外，还有以前常说的松下电器的双孔插座，被称为三大神器的冰箱、洗衣机、电视，索尼的随身听、本田技研工业的原装自行车兜等都是大受欢迎的热门商品。看到这里，也许有人注意到了。

❀ "全部都是 LOVE 和 NEED 吗？"

没错。全部都是，而且是很多人都爱着的，并且是必需品。从住宅、汽车、服务等各产业来看，LOVE 和 NEED 的东西席卷了市场。可以说，世界经济正因 LOVE 和 NEED 而运转、生利。

通过 LOVE 和 NEED 学会整理

为什么 LOVE 和 NEED 能成功

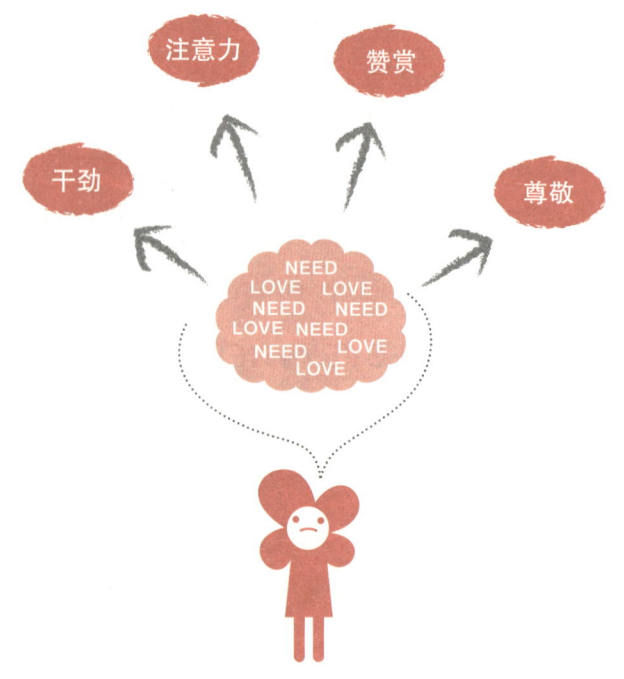

❖ 人的大脑可以集中精力做任何开心的事情

只要你做与 LOVE 和 NEED 的相关工作，你就能成功。这是为什么呢？因为做 LOVE 的事情，能够满足你的欲求。而且只要对自己来说是开心的事情，无论有多辛苦，你都能保持超越它、克服它的动力。因为你非常喜欢，所以也不会讨厌这样的工作。当然，在通往成功的道路上，并不是只有 LOVE，也会经历很多失败和痛苦。即便如此，因为有 LOVE，所以你能想办法克服这些困难。例如，喜欢玩游戏的孩子，玩几个小时都不会觉得辛苦，甚至通宵玩游戏也没问题。

🌸 "就算和你一起玩……"

玩和工作一样吗？当然！不只是工作，所有的一切都可以这样说。只要是自己觉得开心的、LOVE 的事情，人的大脑就可以集中精力去完成。无论做什么事情，只要你长时间认真地坚持下去，你就能成为专业人士。而且你把一件事情越做到极致，你的魅力就越大。在别人眼里，当你说 LOVE 时的魅力是无与伦比的。

🌸 "只有 LOVE，真的能工作吗？"

遗憾的是，只有 LOVE 是不能工作的。就算你再怎么沉醉于兴趣爱好，再怎么去玩游戏，只要在你心中，这

整理人生

个兴趣或者这个游戏完了,就不会再有任何发展。因此,NEED 就变得很重要。如果能加上 NEED 的价值观,LOVE 就更有可能与工作联系起来。也就是说,只要你能提供别人认为必要的东西,就可以了。例如,如果对你来说的 LOVE 是游戏,那么游戏攻略和背后诀窍对你来说也是 NEED,如果你将这些传授给同样喜欢游戏且在寻求游戏攻略和背后诀窍的人,就可以为他人提供 NEED,并有可能与工作联系起来。以前常说的游戏达人高桥名人[①](即高桥利幸先生),正是采取这种生活和工作方式。越是动漫的狂热者,自己存在的意义就越高。于是,全世界自然会认为你就是 NEED。

✦ 人会自然而然地向自己认可的人靠拢

让我们再把目光转向身边的人。你身边令人尊敬、令人憧憬的人,有魅力的人,是什么样的人呢?

❀ "受人喜爱的、大家认为对自己有帮助的人?"

没错!也就是说,如果你做 LOVE 和 NEED 的工作,

---

① 译者注:高桥名人的本名高桥利幸,电玩名人。在 20 世纪 80 年代红白机全盛时期,以 1 秒钟按手柄按钮 19 次而广为人知。红白机游戏《高桥名人之冒险岛》就是以他为原型推出的。1986 年,日本漫画家河合一庆绘制了以他为主角的漫画作品《高桥名人物语》。随着游戏的推出、漫画作品的问世,高桥名人的名字被全世界的游戏爱好者所熟悉。

那么你自然而然地会让周围的人认为你是他们 LOVE 和 NEED 的。简单总结一下你迄今为止做过的事情吧。如果你做 LOVE 和 NEED 的工作：

- 你的工作动力会一直持续充足，你能够克服困难；
- 你会成为这方面的专家，成为独一无二的存在；
- 你会受到身边人的喜爱和需要，会和有魅力的人聚集在一起；
- 可以做更多 LOVE 和 NEED 的事情。

怎么样？如果你一直做 LOVE 和 NEED 的工作，就会产生这样的成功循环。在 LOVE 和 NEED 中取得成功的秘诀就是创造这样的好环境。

第 2 章

利用四个盒子法则重新整理你的日常生活

利用四个盒子法则重新整理你的日常生活

01

你的日常生活
没有那么糟糕

某人一天的行动

- 吃早饭（面包）
- 洗澡
- 乘电车上班
- 检查邮件
- 通过邮件联系工作
- 在网上看新闻
- 处理完上司交代的工作
- 吃午饭（便利店买来的便当）
- 与其他部门的人交谈
- 参加例行会议
- 通过电话确认工作的进展
- 喝咖啡
- 下班回家路上顺道吃晚饭
- 看深夜节目
- 喝啤酒
- 睡觉

❖ 人的大脑能清晰地记住不好的事情

请你记住今天发生在你身上的事情。像上面的例子一样，请你试着把自己一天的行动写在纸上。然后重新看一下，你可能会觉得这是"寻常"的一天。但是笔者认为，寻常并不是坏事，可以说是好事。

"寻常是好事，究竟是什么意思呢？"

在说明具体意思之前，请允许笔者先说点别的话。人的大脑习惯于记住一些不寻常的事情。例如，你一定记得在 2011 年 3 月 11 日发生重大灾难[①]时你在做什么，但是你对前一天的记忆应该不是很清晰吧！这是因为特别不好的事情会作为强烈的记忆留下，它永远支配着你的心（记忆）。当然大脑也会记得好的事情，但笔者认为连细节都牢记在脑海的事情并不多。不过，这少数的事情（好的和不好的），在很大程度上决定了你的人生。

例如，每当地震发生时，很多人会想起当时的情形，他们一定会感到不安吧。真正不好和好的事情，其实在我们的生命中只有一点点。然而，我们人类无论如何都会受

---

① 译者注：这里指"3·11"东日本大地震，震级为 9.0 级，震中位于宫城县以东太平洋海域。此次地震引发了巨大海啸，对宫城县、岩手县、福岛县等地造成了毁灭性破坏，并引发福岛第一核电站核泄漏，时至今日，依然有严重的影响。

整理人生

到它们的影响。

❖ 养成对小事感到幸福的习惯

请你试着稍微改变一下你的想法吧,试着把目光投向更寻常的事物,仿佛完全忘记了的漫长时间的流逝……理所当然地沉睡在你无法察觉的幸福之中。

❀ "日常生活中平凡的小事会让人感到很幸福吗?"

是的。你可能觉得自己的人生还需要再加把劲儿。如果可能,有些人甚至想为新生活重生一次。但是当你把目光投向日常生活时,你可以每天吃喜欢的食物,也可以为了生活做一些必要的工作;你可以和同事愉快地聊天,也可以在聊天软件上与朋友聊天;你可以在下班后喝点啤酒,也可以看场电影;你可以看自己想看的电视剧,可以玩游戏,也可以看自己喜欢的书籍;你拥有可以回去的家,家里有温暖的被窝等着你。这样想的话,你不觉得你的人生并没有那么糟糕吗?

❀ "确实不糟糕,不过也不太好……"

你想说的话,笔者明白,但是别说得太早了。首先,你从认识到自己平时的生活并不糟糕开始吧。为什么呢?因为笔者希望你养成从小事中感受到幸福的习惯。例如,春天感受到了暖和的风、秋天吃了新米、来自同事和朋友的不经意的关心、和邻居笑着打招呼……希望你能因为这些平凡的小事而感到快乐。也希望你知道，只有令人羡慕的成果和成功体验，而没有生活的快乐，并不会让人感到幸福。笔者不是希望你将有一天能幸福，而是希望你能主动感受到当下的幸福。你可以把今天的事情分成四个盒子，如果分到代表LOVE的"金盒子"和"银盒子"的事情，比分到不是LOVE的"灰盒子"和"黑盒子"的事情多，你就可以说"今天是美好的一天"。幸福就是由一天一天的小快乐累积而成的。

利用四个盒子法则重新整理你的日常生活

02

养成总是想象四个盒子的习惯

◆ 重要的是，在行动前改变想法

在便利店买点心的时候，你在想什么呢？"我在想哪个看起来好吃！"很多人可能就是这样。不过，也许有人会这么想：吃了这个会变胖吧，可能对身体不好，或者只是想消磨烦躁的时光等。如果是这样，买点心这件事会被分到四个盒子中的哪一个呢？恐怕会被分到"黑盒子"吧。好不容易买了点心，如果把它分到既不是LOVE也不是NEED的"黑盒子"里，就没有什么意义了吧。但是只要你稍微改变一下想法，就可以把它分到"银盒子"里。你买点心，当然要积极开心地去吃，把减肥和健康暂且放在一边，先好好地大吃一顿。这样，你自然会感到幸福。"但是吃胖了就不幸福了呀！"的确！因此，大多数人都在拼命地与想吃点心和甜食的欲望进行搏斗。

◆ 脑海中总是想象着四个盒子

因此，当你买点心或者吃甜食时，你需要考虑的是把它们放入四个盒子的哪个盒子。在你脑海中想象着四个盒子，并习惯于思考在你吃点心的时候，它究竟会进入哪个盒子。这对你来说，到底是真正的LOVE，还是真正的NEED呢，请你稍微考虑一下。如果是无论如何都想吃的LOVE，请你把它放入"银盒子"。如果吃完之后，你觉

整理人生

得不是LOVE，请你把它放入"黑盒子"。也就是说，对于你来说，选择"吃和不胖到底哪个是LOVE"。

"最后，还要忍耐一下。"

这么说的话，你会觉得很痛苦吧。可是如果你觉得选择了更幸福的一个，你就不会忍耐了吧。当然，这里所说的不仅仅适用于点心，也适用于任何事情。如决定中午的菜单，买饮料、衣服和鞋子。此外，回复邮件、做企划的时候也可以按照这个原则进行。

总是在脑海中想象着四个盒子，考虑一下你的这种行为会进入哪个盒子。如果是进入"黑盒子"，那就说明你的行为是错误的，显然是不用做的。当然，进入"金盒子"是最理想的，但如果是"银盒子"或"灰盒子"，也是不错的吧。即使不是LOVE的事情，也是必要的事情。首先，对于所有的行为，请你养成把它们分类到四个盒子的习惯。这样，你就会看到徒劳的行为，这时你可以先把它去掉。自然，剩下的就是有意义的行为。然后，你把有意义的行为分类到属于它的盒子，再赋予其意义。这样，你不经意的行为和寻常的日常小事，应该就会变成有意义的了。

"如何养成想象四个盒子的习惯呢？"

方法有很多。例如，你把写有四个盒子的纸，贴在房间的墙壁或桌子前、写在记事本上，或者把公司电脑的桌面换成四个盒子的样式。不管用什么方法,只要在总能看到的地方写上四个盒子,久而久之,你就能养成想象四个盒子的习惯了。

利用四个盒子法则重新整理你的日常生活

03

把"黑盒子"放空

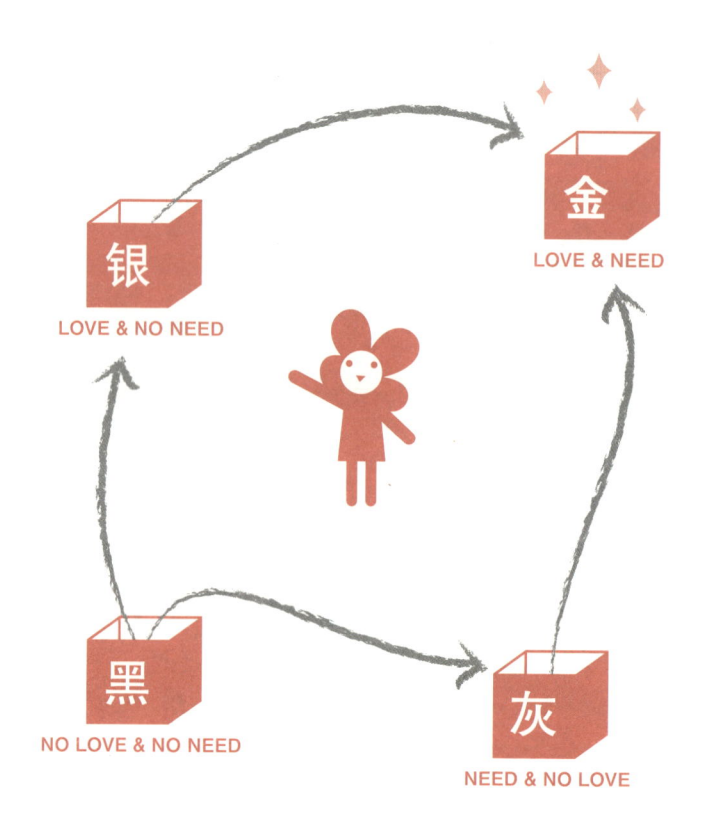

银 LOVE & NO NEED

金 LOVE & NEED

黑 NO LOVE & NO NEED

灰 NEED & NO LOVE

第2章 利用四个盒子法则重新整理你的日常生活

◆ 尽量减少"黑盒子"里的东西

对你来说,进入"黑盒子"的事情是什么呢?不是LOVE,也不是NEED的事情,所以你认为这样的事情不存在吗?但是如果写出实际进入四个盒子的事情,你会意外地发现,其实"黑盒子"里列举的事情有很多。例如,忘记带月票了,忘记带雨伞了,丢了钥匙等遗忘或遗失物品方面的事情;和恋人吵架了,听了同事的牢骚,对朋友说了很过分的话等人际关系方面的事情;吸烟,看聊天软件的留言,继续看无聊的电视等日常生活中的事情;事务性的早会,工作上应酬的饭局,每周的会议,业务联络日志等工作关系方面的事情……

> "有很多吧?"

确实,工作中既不是LOVE也不是NEED的事情,与其说是没有必要,不如说是应该去改善的事情。即便如此,我们应该可以列举相当多的进入"黑盒子"的事情。既不是LOVE,又不是NEED,其中也有单纯的失败,就像遗忘或遗失的东西,那么我们为什么要做这些进入"黑盒子"的事情呢?因为那些东西没办法记得或找回,所以只能放弃,或者为了不失败而把它们规则化,哪怕是稍微减少一点,就可以了。除此之外,只要你养成思考这种行为是真正的LOVE,还是真正的NEED的习惯,进入"黑盒子"的

整理人生

事情自然就会减少。

❖ 怎样才能把"黑盒子"清空

❀ **"黑盒子真的就只有这些了吗?"**

当然不是。例如,即使你认为"在网上看新闻"既不是 LOVE 也不是 NEED,但如果你发现了一则有趣的新闻,说不定就是 LOVE,而且如果这则新闻在你工作的时候能被用上,它就变成了 NEED。

即使是乍一看非常徒劳的行为,你也要思考一下它是 LOVE 还是 NEED,这是非常重要的。如果你真的觉得它没有意义,单纯地放弃就可以了,但是你也可以把它转移到"银盒子"或"灰盒子"里,让这种行为变得有意义。当你和恋人吵架的时候,互相抱怨,既不是 LOVE 也不是 NEED。如果你的目的是改善彼此的关系,那就让它进入"灰盒子"吧,释放压力应该也是你认为重要的 NEED。这样一来,就能不断减少"黑盒子"的东西。

❀ **"工作中也有自己不能决定的事情吧?"**

没错。例如,虽然你自己无法取消早会,但是你应该能让它变得有意义。首先,你要考虑一下"那个早会有什么 NEED"。如果你自己不懂,可以咨询上司,你的上司可能会告诉你一些你想象不到的早会的重要性。而且当判断真正进入"黑盒子"的行为毫无意义时,你最好有一点勇气去申诉。根据你的建议,可能会有所改善。最重要的是,你要有将"黑盒子"放空的坚定意志。如果你养成这个习惯,你的人生中进入"黑盒子"的事情肯定会变少。反之,如果你什么都不想地活着,你的人生就会被既不是LOVE也不是NEED的、来历不明的、恶魔一样的东西所支配。恐怕没有比这更不幸的吧。

利用四个盒子法则重新整理你的日常生活

04

把"灰盒子"里的东西转移到"金盒子",你的人生会有戏剧性的变化

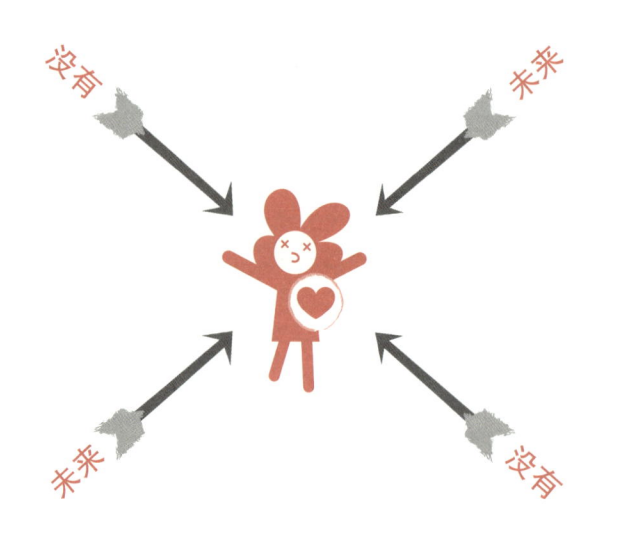

✦ 利用感情增加 LOVE 的东西

如果"黑盒子"变空了，接下来就请你关注"灰盒子"吧。"灰盒子"里的东西虽然不是 LOVE，但却是 NEED。恐怕在你的人生中，"灰盒子"里的东西占了大部分吧。反过来说，如果你养成了从"灰盒子"转移到"金盒子"的习惯，那么你的人生将会戏剧性地好转。

❀ "怎样才能把它放进'金盒子'呢？"

这应该是最难的吧。把不是 LOVE 的事情当作喜欢的事情，并不是那么容易的，就像让你爱上不喜欢的人一样。不过，即使你不能爱上让你非常讨厌的东西，但对于你既不喜欢也不讨厌的东西，只要你稍微喜欢一点，总可以吧。至少，你认为这是 NEED，所以只需一点契机，你就能喜欢上它。因此，你有办法留住它，那就是利用好"感情"。因为 LOVE 就是感情，所以你只要能自己控制就可以了。即使是有人给你洗脑或者你预感到有困难，你也能够安心应对。只要你稍微想象一下未来的自己，就可以了。例如，你去看牙医，很少有人喜欢接受牙齿治疗，但每个人都认为 NEED，虽然讨厌，但又是绝对必要的典型的"灰盒子"的案例。在此，你要好好利用感情。你想象一下牙齿治疗结束后，就可以毫无顾虑地吃好吃的东西，每天也不会因为牙疼而烦恼；你想象自己的牙齿变漂亮了，心情也会变得愉

整理人生

悦。如果你能想象治疗结束后的快乐，牙齿治疗就会变成LOVE。

❀ "真的只有这样，才能把不喜欢的事情变为LOVE吗？"

确实，光是想象未来的自己，也有不能将"灰盒子"放进"金盒子"的情况。因此，就出现了另一个利用感情的方法。接下来，笔者会一边举例，一边说明。

◆ 想象一下"没有"的荒唐

比如，买卫生纸。这是你既不喜欢也不讨厌的事情，但却是NEED的事情。如果买卫生纸要投入感情，说实话，会很麻烦吧。"灰盒子"中有很多与感情无关的东西，日常生活中的必需品就是典型例子。那么，怎样才能把这种东西放入"金盒子"呢？

❀ "不要再想刚才的'未来'了……"

是啊！在这种情况下，你试着想象一下"没有"了，该怎么办呢。例如，你想象一下如果你没有卫生纸了，该怎么办。你跑进了公共厕所，却没有卫生纸。这样的经历，相信在每个人的一生中，可能至少有一次吧。请你回想一下当时的愕然，卫生纸不就成了LOVE吗？通常情况下，当应该存在的东西消失时，人们往往会"重新认识"它的价值。如果是真正需要的东西，你想象一下"没有"了该怎么办，你就会觉得它是LOVE。

利用四个盒子法则重新整理你的日常生活

05

把"银盒子"里的东西转移到"金盒子",一切都会好起来的

❖ 你要是拿到一大笔钱，该怎么办

如果自己的人生都是开心的、LOVE 的事情，那该有多么美好啊！例如，假设你手头有一大笔钱花不完，你该怎么办？

❀ "你不会要辞掉工作吧？"

是啊！即使买房子、买豪车、送父母礼物，也会剩不少钱呢。就算不工作也能活下去，可能会有人辞掉工作。确实，只要有钱，似乎就可以享受人生所需的一切。但真的是这样吗？如果你突然得到了一大笔钱，你可能会认为所有接近你的人都是为了"钱"，你可能会对人极度不信任。如果你辞职了，就没有了固定收入。不管你剩下的钱多么多，当你看到每月持续减少的金额，你也会越来越不安吧。或者在没有太多了解的情况下，直接购买别人推荐的金融商品，你可能会损失巨大。

❀ "总觉得这样的人生很悲惨。"

例如，你计划在一个月后去旅行。其实，最开心的不是旅行本身，而是你提前准备的一个月。去哪里，吃什么，穿什么样的衣服去？这些各种各样的想法是很开心的。当然，虽然你认为旅行本身也很有趣，但实际上可能并没有达到梦想的程度。这就如同享受休息日。无论你从

整理人生

事多么辛苦的工作，只要想到愉快的休息日，你就能努力工作。但实际到了休息日，你可能也不是特别的开心，有的人可能一整天都在睡觉。如果每天都是休息日，你可能会感到厌烦，恐怕你的休息日都会变成无聊的日子吧。正因为有工作，所以休息日才会很开心；正因为有工作，所以旅行才会很开心。总之，要真正幸福，光靠 LOVE 是不够的。

✦ 使自己的行动具有重大意义

因此，我们需要 NEED。你需要在不知不觉中与社会建立联系。为什么呢？因为人不能独自生存。一个人，即使只做自己认为是 LOVE 的事情，如果没有能和自己产生共鸣的人和世界，也只不过是空虚。你不仅要做自己认为是 LOVE 的事，也要让别人需要你。也就是说，你要满足别人的认可需求。

"怎样在 LOVE 的东西里加入 NEED 呢？"

关键在于让它具有"重大意义"。比如，你喜欢音乐，你自己创作歌曲。这就是 LOVE，但终究只是自我满足。你想要出道，原本也只不过是满足自己的欲望而已，但是你可以赋予它更大的意义。如果你想"用自己的音乐让很多人振作起来"，自然就成了 LOVE 和 NEED。你想出一本畅销书，那就是"希望能解决更多人的烦恼，让他们有快乐的心情"；你想生产热门商品，那就是"想要丰富更多人的生活"；你想提供美味的饭菜，那就是"想让吃到的人感到幸福"；你想提高公司的效益，那就是"丰富其他员工的生活，而且多交税对国家也有好处"。怎么样？原本很大的世界会不会变得越来越大？如果你养成让LOVE的事情具有NEED的意义的习惯，世界就会不可思议地好起来。

利用四个盒子法则重新整理你的日常生活

06

扩大"金盒子"的容量

金
LOVE & NEED

银
LOVE & NO NEED

灰
NEED & NO LOVE

黑
NO LOVE & NO NEED

◆ LOVE 是感情，NEED 是意义

到目前为止，我们已经讲述了把"黑盒子"放空、把"灰盒子"里的东西转移到"金盒子"、把"银盒子"里的东西转移到"金盒子"的方法。如果你养成了这样的习惯，进入"金盒子"的东西，就会越来越多。

❀ "LOVE 是感情，NEED 是意义吗？"

简单地说，是这样的。如果你把所有的事情都赋予了 LOVE 的感情、NEED 的意义，那么你的生活、工作、人际关系等所有事情，都会进入"金盒子"。一开始，或许你感觉有些勉强。但如果你假装开心、什么事都积极向前看，笔者认为这样的诠释也不错。总之，你要努力把所有的事情都放进"金盒子"。笔者在此做一个简单的总结。

● 经常在脑海中想象四个盒子，养成思考是真正的 LOVE 还是真正的 NEED 的习惯（把"黑盒子"放空）

● 养成使行为或事物具有意义的习惯（从"黑盒子"到"灰盒子"）

● 养成想象自己未来的习惯（从"灰盒子"到"金盒子"）

● 养成想象"没有"了该怎么办的习惯（从"灰盒子"到"金盒子"）

整理人生

- 养成让 LOVE 的东西具有重大意义的习惯（从"银盒子"到"金盒子"）

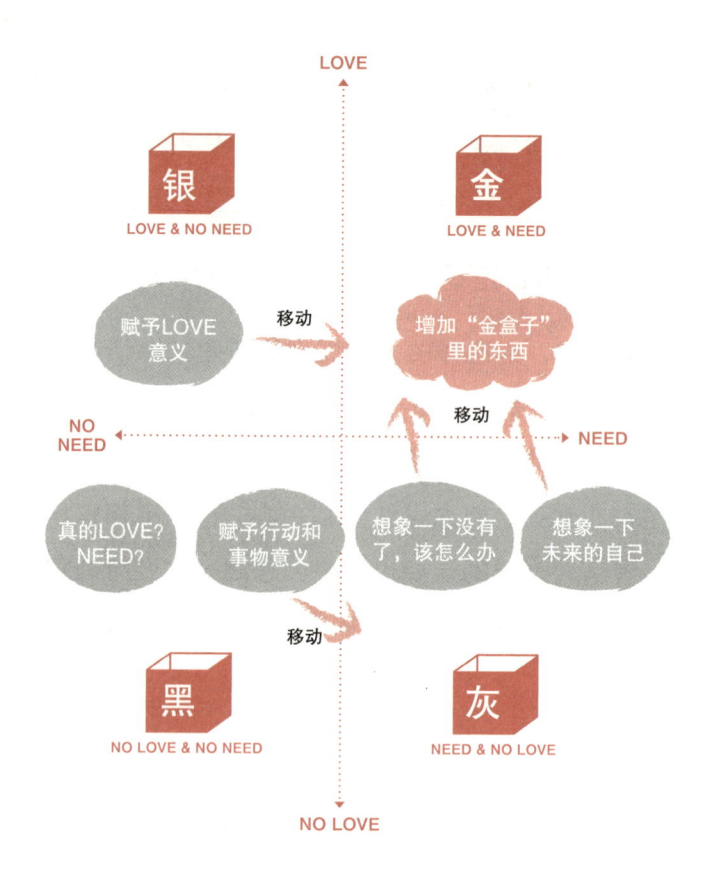

```
                        LOVE
                         ↑
        ┌─────┐                    ┌─────┐
        │ 银  │                    │ 金  │
        └─────┘                    └─────┘
     LOVE & NO NEED             LOVE & NEED

       ╭──────╮    移动       ╭──────────╮
       │赋予LOVE│    ⇒        │增加"金盒子"│
       │ 意义  │              │ 里的东西  │
       ╰──────╯              ╰──────────╯
                                  ↑
                                 移动
  NO  ←─────────────────────────────────────→ NEED
  NEED
            ╭────────╮ ╭────────╮ ╭────────╮ ╭────────╮
            │真的LOVE?│ │赋予行动和│ │想象一下没│ │想象一下 │
            │ NEED?  │ │ 事物意义 │ │有了，该 │ │未来的自己│
            ╰────────╯ ╰────────╯ │ 怎么办  │ ╰────────╯
                                  ╰────────╯
                           移动
                            ⇒
        ┌─────┐                    ┌─────┐
        │ 黑  │                    │ 灰  │
        └─────┘                    └─────┘
     NO LOVE & NO NEED          NEED & NO LOVE
                         ↓
                       NO LOVE
```

🌼 "这样真的能幸福吗？"

不用担心。只要你养成把事情经常转移到"金盒子"的习惯，所有的事情都会在不知不觉中进入"金盒子"。

第2章 利用四个盒子法则重新整理你的日常生活

❖ 如何让"金盒子"变得越来越大

人的大脑是不可思议的,即使在眼前有很多景物,也只能看到感兴趣的东西。

例如,你想要一辆汽车,自然就会看向在街上行驶的汽车,而且汽车广告也会随意地映入眼帘,你甚至会感觉汽车广告突然增多了。人的大脑只看到自己感兴趣的东西,反过来说,只要自己对某件事感兴趣,就只会看到这件事。

> 🌸 "确实,我只看帅哥!"

明白。一旦你有了喜欢的人,就会只在意那个人,别人的事情自然就看不见了。从根本上讲,"金盒子"和汽车、帅哥是一样的。如果你的兴趣是"金盒子",也就是LOVE和NEED,那么你的大脑自然就会避开其他东西。你的大脑已经只能看到一个"金盒子"了,而且你大脑里的"金盒子"的容量会越来越大。于是,LOVE和NEED的事情不断涌入。

本书的最终目标是让你把人生中发生的所有事情都放入"金盒子"里。基本上,只要养成本章所讲的习惯,你就能达到这个目标。但是笔者觉得光有概念是不够的。如果再实践一些细分的主题,你就会更清楚地看到各种各样的事情,而且你的人生一定会充满幸福。下一章会按照人际关系、工作、日常生活等具体主题,带大家看一下四个盒子法则。

第 3 章

通过 LOVE 和 NEED 理顺人际关系

通过 LOVE 和 NEED 理顺人际关系

01

想想真正重要的人是谁

试着把身边的人分成四个盒子。

银
LOVE & NO NEED

金
LOVE & NEED

LOVE

NO NEED ←————————→ NEED

黑
NO LOVE & NO NEED

灰
NEED & NO LOVE

NO LOVE

第 3 章　通过 LOVE 和 NEED 理顺人际关系

✦ 如果人际关系变好，人生就会变得非常快乐

在生活中，你遇到的很多烦恼都来自人际关系，这样说一点都不为过。和公司的上司搞不好关系、和朋友发生纠纷、怎么也找不到恋人……所有这些一定是有原因的。不仅是上司、工作对象、客户等工作中的人际关系，本章笔者还想讲一下恋人、家人、朋友等涉及隐私的人际关系。

❀ "如果把人际关系变成 LOVE 和 NEED，你就会幸福吗？"

没错。即使你在工作上没有大获成功，即使你不能成为有钱人，只要你的人际关系好，你难道不觉得幸福吗？请你仔细想一想，我们人类不可能脱离群体而独自生活。只要我们属于社会，就和别人有某种联系。即使是宅在家里的人，也应该有支持他的家人。也就是说，人际关系好，你就幸福；反之，你会感到不幸。人际关系可以说是你人生的一大主题。开场白就这样，进入正题。

✦ 把你的人际关系分成四个盒子

请写出你现在的人际关系。把家人、朋友、熟人、邻居、工作对象等在你的脑海中浮现的人分类到四个盒子

整理人生

里。因为这不是给别人看的，所以分类的标准要稍严格一点。虽说表面上是好朋友，但也有一些不是真心 LOVE 的吧。确实，把朋友和熟人说成只是 NEED 的人，多少会令人失望。人在犹豫不定的时候，往往容易被感情所影响，但是请你切实地考虑一下这是不是 LOVE 和 NEED。

❀ "把人分类，总觉得有点奇怪吧？"

你会不由得问自己："你是谁？"但是如果不把人际关系分类，你永远都会为人际关系而烦恼。因此，你要狠狠心，冷静地区分一下。那么，你能写出来吗？进入"金盒子"和"银盒子"的人数，以及"灰盒子"和"黑盒子"的人数，哪个多呢？

❀ "进入'灰盒子'和'黑盒子'的人变多了……"

你不必担心。因为大部分的人际关系都由既不喜欢也不讨厌的人构成。进入"金盒子"的人，才是对你来说真正重要的人，不需要详细说明，以后也请你好好珍惜。进入"银盒子"的人也是珍贵的存在，因为只要和 LOVE 的人在一起，你就会很开心，也能度过幸福时光。在这里，请你想象一下，如果给进入"银盒子"的人加入 NEED，会怎么样呢？例如，当你情绪低落、烦恼的时候，如果你能向他倾诉，他能给予你安慰，帮助治愈你，那他会不会成为"金盒子"里的"真正的好朋友"呢？当然，如果你不是他的 LOVE 和 NEED，那他也就不会成为你的 LOVE 和 NEED。对进入"银盒子"的人，你要有同情心，要好好对待他们。对于进入"灰盒子"和"黑盒子"的人，笔者想从下一节开始详细介绍对策。

通过 LOVE 和 NEED 理顺人际关系

02

把熟人当"朋友"

✦ 试着把普通的熟人变成好朋友

进入既不是 LOVE 也不是 NEED 的"黑盒子"的人，究竟是因为什么呢？其中有些人你可能是真心不喜欢：不喜欢的人，只是在一起就让人很烦躁的人、说话不好听的人、在背后说别人坏话的人、态度强硬的人……另外，还有你既不喜欢也不讨厌的人，特别是被判断为不是 NEED 的人，这样的人也很多吧。如果只是熟人，也许保持这样的状态也可以。但如果是进入"黑盒子"的人，在生活中，与你接触的频率很高，而且会给你带来压力，那么就不要犹豫，最好去积极改善。另外，即使只是熟人，如果让他们成为你 LOVE 和 NEED 的人，你的生活一定会更开心。当然，将讨厌的人、不喜欢的人变成你 LOVE 和 NEED 的人，难度会更高一些，所以首先要考虑把既不是 LOVE 也不是 NEED 的只是"熟人"的人放入"银盒子"和"灰盒子"，最终再放入"金盒子"。

❀ "只是熟人也行吧？"

确实这样也行，但按照现状来看，熟人似乎没有进一步发展成朋友的空间。我们会受到各种各样的人的影响，在很多人的帮助下，实现自己的目标。所以，亲近的人越多，你的人生就越丰富、越幸福。

整理人生

🌸 "如果周围都是 LOVE 和 NEED 的人,确实很幸福。"

因此,首先考虑把熟人转移到"灰盒子"里吧。

✦ 对对方感兴趣,分享你的梦想和目标

因此,重点是考虑为什么这个人对你来说只是"熟人",理由恐怕是不太了解对方吧。如果不太了解,就不会成为 LOVE,也不会成为 NEED。对方对什么感兴趣、喜欢什么、以什么为目标、在努力着什么……你都不清楚。

🌸 "你的意思是要对这个人感兴趣吗?"

没错!首先你要对这个人感兴趣,分享各种各样的东西,自然就会发现对方的魅力。如果可能,你们一起工作是最好的。不过,偶尔见面交换信息也可以。哪怕只是一起吃午饭,也是了解这个人的机会。

另外,现在你可以通过 Facebook、Twitter、Instagram 等聊天软件,很好地了解对方。从这个意义上说,与以前相比,人和人之间的距离变得更近了。如果你能对对方感兴趣,发现他有魅力的地方,那就可以把他放入"银盒子"。如果你把梦想和目标与对方正在做的事情联系起来,那么这对你来说已经是一个了不起的 NEED。而且如果

他成为你一起实现梦想的伙伴,就会成为最重要的"金盒子"里的人——也就是"真正的好朋友"。你不觉得这是一件非常了不起的事情吗?

❀ "分享你的梦想和目标吗?"

是的。虽然这很理想化,但是你不可能和每个人都分享自己的梦想。笔者认为,你可以向对方分享一些小事。例如,喜欢这个人的想法,总是笑着向前看,情不自禁地支持你等。如果只是和这个人见面,你就会变得有活力,或者变得积极,那么对你来说,这个人就是非常出色的你LOVE 和 NEED 的人。

通过 LOVE 和 NEED 理顺人际关系

03

击败不喜欢的对手

第3章 通过 LOVE 和 NEED 理顺人际关系

✦ 先仔细观察一下不喜欢的人

对于无论如何你都不喜欢的人，即使你花时间跟他亲近，他也很难成为你 LOVE 的人。但是人无完人，每个人都有优点、缺点。所以，即使是你不喜欢的人，在他身上的某个地方也一定有你 LOVE 的部分。你试着这样想，去观察对方吧。

❀ "我也不喜欢观察……"

如果你那么讨厌对方，就只能对他敬而远之了。如果可能，最好不要和对方有任何关系，但是一定又会不可避免地和他产生交集。笔者认为对于你的工作对象、亲人、邻居等，你不能轻易地与他们断绝来往。也有人认为如果讨厌对方，你跳槽或者搬家就好了，但那也太辛苦了吧。我们需要投入巨大的精力，才能建立新的人际关系。所以，请你一定要实践笔者接下来讲述的方法，如果你感觉仍然不行，那么跳槽或者搬家就是你应该采取的最后手段。

✦ 试着把对方拉到自己的世界

那么，让我们回到"观察对方"的话题。观察对方时，你要注意尽量不要感情用事。如果你用有色眼镜观察

整理人生

一个人，那么无论如何你都只能看到这个人的缺点。笔者希望你抱着寻找对方优点的态度来观察对方，每个人都至少有一两个优点，也许你能找到这个人让你感到惊喜的一面呢。例如，意外地发现，他在家里非常疼爱孩子；一谈到足球，他的眼睛就会发光；他的知识储备量丰富；他非常爱学习；他虽然不太爱说话，但是很喜欢思考、视点独特、想法丰富……如果你能发现对方有一个这样的优点，是不是也能认可对方呢？你不需要要求对方的所有都是你 LOVE 的。虽然你讨厌对方的某个方面，但是如果把这个方面当成 LOVE，你也是可以接受的。哪怕只有某个部分被认为是 NEED，也是很难得的。

"寻找小小的 LOVE 和小小的 NEED？"

没错！即便如此，也有不能成为 LOVE 的情况。当然，笔者也有把和对方的谈话变成 LOVE 和 NEED 的方法。例如，如果必须和不喜欢的人交谈，首先你要把对方带入自己的世界。如果你们能互相谈论对自己有利益的话题，那他必然是 NEED 的。你要尽量减少无用的谈话，试着聊一些具有建设性的话题。实际上，如果你的话题变得有意义，谈话本身也就变成了 LOVE。即使你不喜欢对方这个人，但考虑到跟他搞好关系，能顺利完成工作，谈话就会变得开心起来。你不要把重点放在是否喜欢对方，如果能找到对你有利的东西，你就赚了。对于你特别不喜欢的人，无论如何你都想尽快结束谈话吧。这种情况下，不要聚焦对方，而是要让你们的谈话成为对你有益的、LOVE 和 NEED 的东西。这样，至少你不喜欢对方的这种意识也许会消失呢。

通过 LOVE 和 NEED 理顺人际关系

04

把工作对象
分成四个盒子

LOVE 还是 NO LOVE

NEED 还是 NO NEED

银 LOVE & NO NEED

金 LOVE & NEED

灰 NEED & NO LOVE

黑 NO LOVE & NO NEED

第3章 通过 LOVE 和 NEED 理顺人际关系

❖ 工作上的人际关系是有得失的

关于工作上的人际关系，请你再仔细考虑一下吧。如果对方不是朋友，而是工作对象，你在把他们分成四个盒子的时候，分类标准可能会稍有不同。说实话，在这种关系的背后，是不是隐藏着得失呢？或许所有人都有过这样的考虑："和这个人打交道，对自己有好处吗？"可是，这并不是什么坏事。倒不如说，以那个人拥有的技能、独特的想法、背后的人际关系、工作的内容和职务为理由，信赖对方的情况比较多。对方也是一样的想法，为了得到你的信赖，光靠温柔是不够的。只有给对方提供好处，才能使工作关系变得良好。因此，从把工作对象分成四个盒子开始，首先请把你手头的名片分成四个盒子。

❀ "你也会整理名片吗？"

整理名片也是整理工作对象，毕竟名片中的有些人可能只是打个招呼而已。或者虽然一些人已经很久没有联系了，但通过整理名片又会让你想起他们。不仅是实际的工作内容，与谁一起工作过，对你来说也是非常重要的。

❖ 把名片分成四个盒子，你就能发现一些东西

那么，名片的分类你已经完成了吗？有多少人进入了

整理人生

LOVE 和 NEED 的"金盒子"？虽然可能没有那么多，但是那些人是你重要的工作伙伴，是珍贵的财产，希望你今后也能珍惜他们。进入 LOVE 和 NO NEED 的"银盒子"里的人数可能并不多，虽然还没到想与他们一起工作的程度，但你总觉得与他们合得来，总觉得他们有些魅力，给你留下了印象。如果你强烈地想跟他们一起工作，你们总有一天会有交集的。进入"银盒子"的人是"金盒子"的"预备军"，所以你最好花时间跟他们搞好关系。

名片最多的恐怕是 NO LOVE 和 NEED 的"灰盒子"吧。当然，因为你与他们是商务上的往来，所以即使你把他们放入"灰盒子"，也没有问题。但是如果要选择工作伙伴，没有比和自己 LOVE 的人更合适的了。话虽如此，不是和"金盒子"或"银盒子"里的人，而是和"灰盒子"里的人一起工作的情况，应该也会发生。在这种情况下，如前所述，如果你能发现那个人的优点、和他共享时间、拥有共同的目标，你们自然就会变成 LOVE。请你一定要实践一下。

❀ "对于进入'黑盒子'的人，该怎么处理呢？"

对你来说，进入"黑盒子"的人既不是 LOVE 也不是 NEED，所以不需要勉强在一起工作。但又不是那么简单，从得失的角度来考虑，得罪工作对象百害而无一利。

第 3 章　通过 LOVE 和 NEED 理顺人际关系

最重要的是，你要通过四个盒子来了解你现在和什么样的人一起工作。因此，只要不是和"黑盒子"里的人一起工作，那么和"金盒子"里的人一起工作的机会就在增加，你就不会为人际关系烦恼，你的工作也会更加开心。

通过 LOVE 和 NEED 理顺人际关系

05

把不喜欢的上司放入"金盒子"

第3章 通过 LOVE 和 NEED 理顺人际关系

✦ 和不喜欢的上司好好相处

在工作的人际关系中，最大的问题果然还是和上司的相处方式。我们可以选择工作，但无法选择上司。你如果拥有能进入"金盒子"的上司，真的很幸运，但绝大多数上司都不是。不过，进入"灰盒子"的上司，也就是说，虽然不喜欢但是 NEED 的上司，似乎也还不错。

🌸 **"即使是 NEED，但如果你讨厌上司，也会有压力……"**

在这种情况下，请你明确一下你认为上司是 NEED 的理由吧。你为什么要把上司放入"灰盒子"，而不是"黑盒子"？理由应该是你看到了上司的优点吧。例如，

- 最后会负责任→有责任感
- 会做出明确的指示→有决断力
- 能够带头解决问题→有统率力
- 会给出结果→会工作
- 会检查错误→有管理能力
- 会尊重你的意见→胸怀宽广
- 发言有说服力→有经验和觉悟
- 擅长表现→交际能力很强

整理人生

🌸 "这么理想的上司，应该没有吧？"

当然，如果是满足了这里列举的所有条件的上司，就会进入"金盒子"。但是对于你的上司来说，应该只符合一个吧。如果你上司的优点一目了然，即使其他事情差一点，你应该也可以睁只眼闭只眼吧。笔者之前也提到过，世上没有完美的人，换言之，也没有完美的上司。

◆ **敢于想一想讨厌上司的理由**

🌸 "如果你没有发现上司的一个优点，怎么办呢？"

是啊……这是非常棘手的问题，你可以果断地把你讨厌上司的那一点看成激励自己的有效手段。换个角度看，你讨厌的点也可能是个优点。例如：

- 增加无理的工作量→严厉地培育你
- 马上就生气→对你充满期待
- 不听你的意见→促使你多思考
- 把工作强加给你→提高你的工作极限
- 让你做点杂事→最想把你放在身边
- 在酒会上对你说教→传授给你工作经验
- 带你到处走走→扩大你的人脉

❁ "感觉有点勉强……"

虽然这些可能有点勉强，但你的目的是减轻来自令人讨厌的上司的压力，从而让自己变得轻松起来。另外，你也要注意上司的性格和行动，仔细观察上司的癖好等，试着把它们分成四个盒子。这样你可能会发现，上司感情脆弱、对自己要求严格、喜欢挑战自我或者很热心，你还会发现他令人意外的魅力。首先，请你想一下，如果不是上司的癖好等，而是上司本人，他该进入哪个盒子呢。如果是进入"灰盒子"或"黑盒子"，就请你试着从领导的性格和气质方面发现他的闪光点，哪怕一个也可以，你会发现让你讨厌的上司的可爱之处，并珍惜它。这样一来，你的压力就会大大减轻，职场也会变得开心起来。

案例研究 1

让不喜欢上司的公司职员说明理由

LOVE

银
LOVE & NO NEED
- 有人情味

金
LOVE & NEED
- 可以一起真挚地共事
- 人脉广

NEED

黑
NO LOVE & NO NEED
- 易怒
- 总是心情不好
- 开一些无聊的玩笑

灰
NEED & NO LOVE
- 虽然经常说一些严厉的话，但说的都没错
- 在推动工作方面是必不可少的存在

老实说，A 先生（20 多岁）很讨厌他的上司，总叹息着说道："上司总是不高兴、蛮横无理而且易怒。"于是，笔者让他把上司的事情分成了四个盒子，也让他写出可以让上司勉强进入"金盒子"和"银盒子"的事情。A 先生最初是从进入"黑盒子"的事情开始写的。不过，他在写"灰盒子"的事情时，停住了。过了一会儿，他慢慢地写出了"金盒子"的事情，接着"银盒子"也总算写好了。A 先生叹了口气，说道："我从来没想过自己喜欢上司哪一点，但是当我冷静地分析一下，他确实也有优点。"接下来，他笑着说道，"当我发现他的优点时，我无法全盘否定他。我觉得我能稍微走近他一点。"或许是因为 A 先生讨厌上司的想法太过强烈，导致他没能发现上司的优点吧。四个盒子的分类可以帮你避免感情用事，让你冷静客观地看待对方。也许只有一点点，但 A 先生从心理上克服了他对上司的不喜欢，也给了他接近上司的契机。

通过 LOVE 和 NEED 理顺人际关系

06

使用四个盒子改善与恋人、伴侣的关系

请你列举出你的丈夫、妻子、恋人等重要的人令你 LOVE、NEED 的地方，并把它们分进四个盒子。

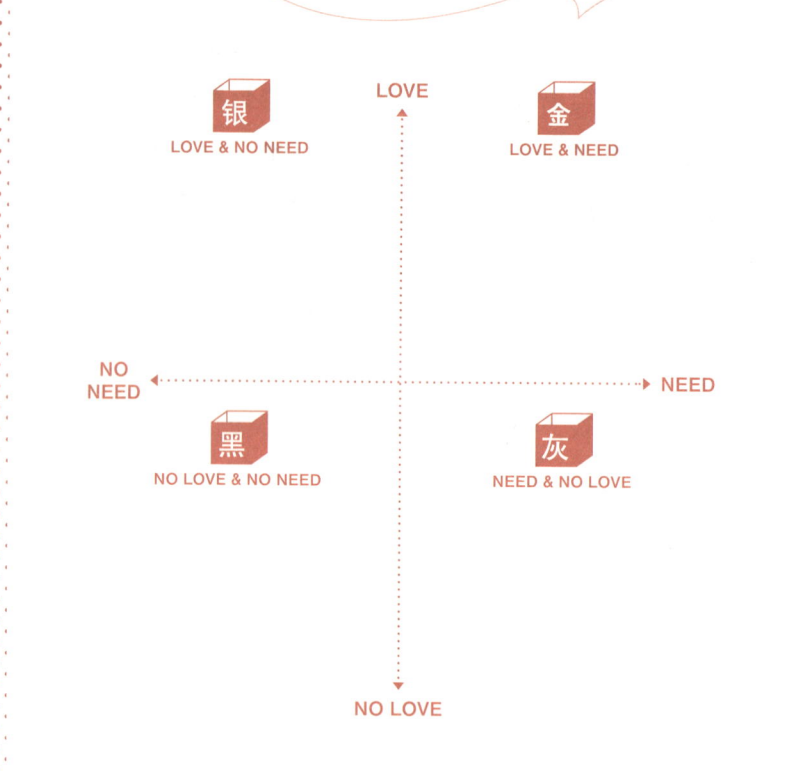

```
                        LOVE
            银                        金
       LOVE & NO NEED            LOVE & NEED

  NO
  NEED ←─────────────────────────────→ NEED

            黑                        灰
     NO LOVE & NO NEED          NEED & NO LOVE

                       NO LOVE
```

◆ 解决爱的烦恼的方法

笔者前面讲了很多与工作相关的人际关系的话题。接下来，想深入讲一点私密的人际关系。请你想一想对你最有影响力的恋人和伴侣。

❀ "因为是恋人，难道不应该是 LOVE 吗？"

理论上讲应该是 LOVE，但很多人却因为恋人而烦恼，这也是事实。正因为彼此之间有强烈的 LOVE，所以烦恼也一定很多。另外，LOVE 越强烈，反而越容易讨厌。有人说："爱之深，恨之切。"请你立即将你对恋人或伴侣（如丈夫或妻子）的评价分成四个盒子（对于没有恋人和伴侣的人，在本节的后半部分也有说明）。

请你把你 LOVE 和 NEED 对方的地方分成四个盒子。从脸、身高、体形、服装等外观到兴趣、喜好、性格、自尊自爱等内在，请你尽情地写出来。另外，你也可以将收入、癖好、经常喝酒的习惯、措辞等进行分类。总之，你要客观地评价自己的恋人和伴侣，明确自己喜欢对方什么。这也是你重新确认自己是否 LOVE 对方的一种方法。问题是，进入既不是 LOVE，也不是 NEED 的"黑盒子"的，例如，有外遇，不节俭，耍酒疯，无所事事，没有时间观念，对店员态度傲慢，说话严厉，控制不好自己的情绪，容易烦躁等消极的方面，在别人看来，即使是他们觉

整理人生

得"你和那样的人分手比较好",也会因为有 LOVE 而成为你烦恼的种子。

❀ "恋爱是盲目的?"

换句话说,虽然恋爱越是盲目的,越美好,但如果你因此而烦恼,就需要稍微冷静一下。为此,请你把它们分到四个盒子。接下来,请你冷静地看一看"黑盒子"里的东西,试着比较一下"金盒子"和"银盒子"里的东西,你觉得和现在的恋爱对象一起走下去会幸福吗?你可能会觉得"这样也没关系",或者会觉得"这样不行",进而觉得分手也不错。不管哪种选择,只要你自己接受并做好心理准备,是不是就能减少烦恼呢?至少,你不应该烦恼,而是应该行动起来去和对方商量。

✦ 如何尽快找到恋人和结婚对象

想要谈恋爱、结婚却怎么也找不到合适的人的情况。你到底想要什么样的对象呢?请你也把它分成四个盒子吧。你找不到恋人和结婚对象,不仅是因为你们没有相遇,也可能是因为你的要求太高了。

❀ "你的意思是说不要对另一半有过高的期望吗?"

不,这有点不合情理。但与其抱有过高的期望,不如明确一下你无论如何也不能让步的条件，这样或许就不会失望。如果你经常想到"金盒子"里的东西，自然就只想找到适合它的人。本书第 2 章中提到了"扩大'金盒子'的容量"，我们的大脑所看到的不是眼前的一切，而是自己感兴趣的东西。因此，你要清楚地意识到你不能向恋人或结婚对象让步的条件，这才是最重要的。也只有这样，符合这一条件的人应该会一个接一个地进入你的视野。

案例研究 2

把单身女性对结婚对象的要求分成四个盒子

银 — LOVE & NO NEED
- 帅气
- 爱打扮
- 温柔
- 个子高
- 有相同的爱好
- 收入高

金 — LOVE & NEED
- 帮忙做家务
- 支持我的工作
- 彼此相互尊重
- 认真地致力做自己喜欢的事情

黑 — NO LOVE & NO NEED
- 太胖
- 抽烟
- 赌博
- 在人前发火

灰 — NEED & NO LOVE
- 有稳定的工作

B女士（35岁以上）很着急，想要结婚。据说，她为了找对象参加了很多联谊活动[①]，但还是没有找到理想的对象。第一次听她描述的时候，笔者就感觉B女士对男方抱有过高的期望，找对象的难度很大。不过，因为她本人也不清楚哪个条件会排在前面，所以决定把它们分为四个盒子。B女士最初把"收入高"这个条件放入"金盒子"里，中途又重新放入"银盒子"。当笔者问其理由时，她回答说："确实高收入比较好，但是如果有正常收入，我觉得也没有问题。"接下来，她又说道，"因为我自己也在工作，所以结婚后如果能继续做这个工作，我会很开心。他最好能理解我的工作，帮助我做家务、教育孩子。"同时，B女士也意识到，无论如何都想结婚的自己，是不是错了。她说："人生的幸福不只是结婚。我现在因为有自己喜欢的工作，所以感觉也不用着急。"因为B女士也明确了对结婚对象的要求，所以笔者相信以后一定会有好的相遇在等着她。

[①] 译者注：为了扩大交流，由两个或两个以上的男女小组联合举行的联谊会，在学生、社会上的未婚男女中非常常见。

通过 LOVE 和 NEED 理顺人际关系

07

使用四个盒子
吸引力法则拓宽人脉

第3章 通过 LOVE 和 NEED 理顺人际关系

◆ **连锁式拓宽人脉的方法**

我们为什么要拓宽人脉呢？有些人想通过拓宽人脉来提升自己，也有人单纯地觉得朋友越多就越开心，有些人想在工作上取得成就，有些人可能想结识有魅力的人。无论出于什么原因，拓宽人脉的好处是巨大的。不过，如果你结交的都是些无所谓的人，拓宽人脉也没有什么意义，这也是事实。因此，笔者想推荐的是"四个盒子的人脉拓宽方法"。

❀ "就像你想找恋人一样，你想认识什么样的人呢？"

利用这个方法拓宽人脉可能也是有效的，但结果有可能是你认识的是一些相同的人。你并不是找一个"理想的人"，所以你最好先认识各种各样的人。四个盒子的人脉拓宽方法，是让你认为是"金盒子"里的人介绍新朋友的方法。为什么这么说呢？因为如果是"金盒子"里的人介绍的人，对你来说，成为 LOVE 和 NEED 的人的概率也更高。就如同物以类聚、人以群分，"金盒子"的人会连锁式地为你叫来"金盒子"的人。

❀ "这就好像吸引力法则？"

是的，这就是"四个盒子吸引力法则"。如果你总是

整理人生

想着"金盒子"的人,就会有"金盒子"的人来到你身边。当你意识到的时候,你周围都是"金盒子"的人。因此,你必须让"金盒子"的人想要给你介绍他们身边重要的人。也就是说,从对方的角度来看,你必须成为他LOVE和NEED的人。人际关系也是自己的一面镜子,有魅力的人会和有魅力的人一起,总发牢骚的人也会和同样总发牢骚的人一起。正如前文所讲的,利用四个盒子法则,你一定会成为周围人LOVE和NEED的人。如果你的工作和私生活都很充实,而且朝着梦想不断努力,所有人都会觉得你很有魅力。那样,即使你自己不特意说"我希望你介绍谁跟我认识",对方也会不断地给你介绍。利用这种连锁反应,你的幸福也会接踵而至。只是笔者不太喜欢总是被动的。正如同,给予和接受一样,给予在先,接受在后。

◆ 成为核心人物很重要

那么,你如何才能给予对方呢?其实,你没必要硬着头皮去想。你也可以给"金盒子"的人介绍自己"金盒子"的人。例如,你可以举办酒会;如果有聚会,你不妨邀请两个"金盒子"的人;如果你想举办更认真的聚会,你可以举办一次学习会。这样,一定会有志同道合的人聚集在你身边。拓宽人脉的最好方法就是自己成为组织者,举办一些聚会。因为你可以成为人脉的"中心","中心"就是核心人物。如果你能让别人觉得"你就是核心人物",那么很多人都愿意帮助你。

🌸 "总觉得有点麻烦……"

正因为如此,才值得去做!谁都想拓宽人脉,却不想担任麻烦的角色。如果你愿意为大家不辞劳苦,并采取积极行动,那么你一定会得到大家的认可和感谢。这才是巨大的给予吧。给予越大,返回给你的接受也越多。

第 4 章

通过 LOVE 和 NEED 把工作分类

通过 LOVE 和 NEED 把工作分类

01

想想你的工作会进入哪个盒子

把你现在正在做的工作分成四个盒子。

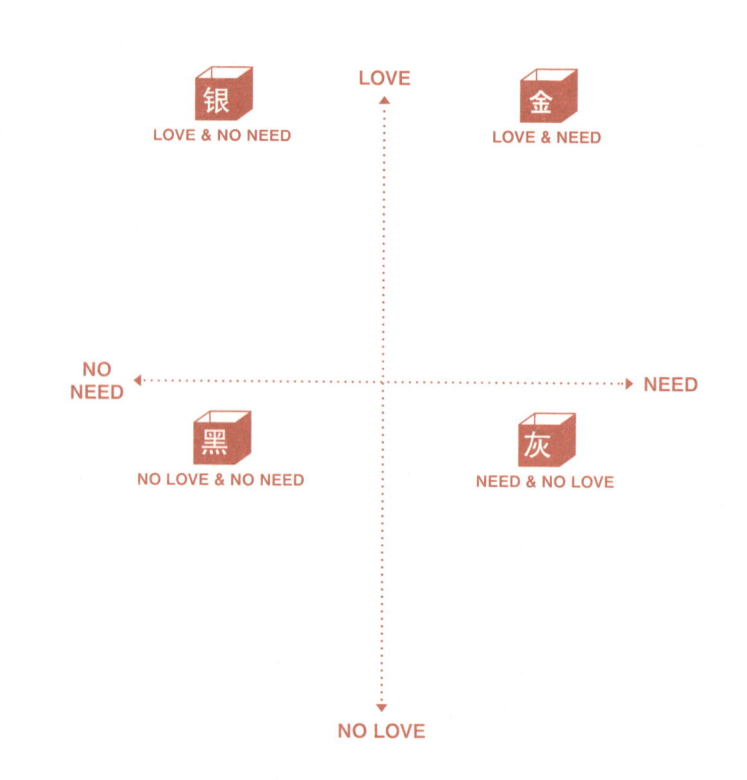

LOVE

银
LOVE & NO NEED

金
LOVE & NEED

NO NEED ← → NEED

黑
NO LOVE & NO NEED

灰
NEED & NO LOVE

NO LOVE

第 4 章　通过 LOVE 和 NEED 把工作分类

❖ 先把工作分到四个盒子里

本章笔者想讲一下关于工作的问题。

"你把工作交给 LOVE 和 NEED 吧！"

先从把现在的工作分成四个盒子开始吧。你可以写在上面的图片中，也可以写在笔记本上。请你把能想到的具体工作进行分类。你有分到"金盒子"的工作吧？难道你的"银盒子"里，什么工作也没有吗？你是不是几乎把工作都分到了"灰盒子"里？你也把一些工作分到"黑盒子"里了吧？首先，请你牢牢地把握好目前的分类标准。接下来，我们开始整理工作。

通过 LOVE 和 NEED 把工作分类

02

"灰盒子"的工作是否真的有必要

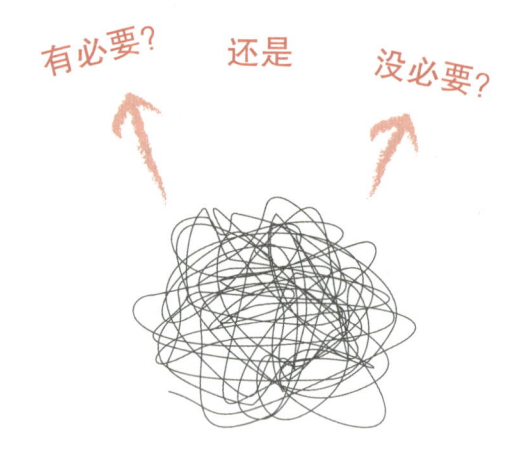

有必要？　　还是　　没必要？

第 4 章　通过 LOVE 和 NEED 把工作分类

✦ 问问自己，这份工作是否真的有必要

把四个盒子里的分类结果重新改一下吧。笔者认为，几乎没有只进入"银盒子"的工作。与进入"黑盒子"的工作相比，银盒子里的工作单纯明快，但可能会被上司或公司阻止，这是基本的倾向。问题是进入"灰盒子"里的工作。可以说，灰盒子里是一种混乱状态。坦率地说，你的工作和感情不都是混在一起的吗？如果你好好地考虑一下，或许"灰盒子"里潜藏着不是 NEED 的东西（本来是"黑盒子"的东西），或者可能成为 LOVE 的东西（可以移动到"金盒子"的东西）。把"灰盒子"里的东西转移到"金盒子"里是很重要的。对你的工作来说，把 NEED 变成 LOVE 和 NEED，是最重要的。因此，让我们先从整理"灰盒子"开始吧。那么，笔者希望你再问自己一次，你的每一份工作是否真的都是 NEED。

❀ "这份工作真的是必要的吗？"

你就这样问问自己。如果你认为有必要的理由是"是上司吩咐的""大家都在做""是这样规定的"之类的，那就请你等一下。可是，这真的是必要的吗？

✦ 使无意义的工作变成有意义的方法

如果真是无意义的工作，你的同事们也会觉得"要是

整理人生

没有的话，会很开心"。或者因为公司和同事的缘故，原本无意义的工作也会变成有意义的吧。无意义的工作有很多，例如，召开徒劳的会议。如果你认为会议是无意义的，那你该怎么办呢？

❀ **"你要不要试着和大家联合，一起拒绝？"**

这样的话，你自己的处境就会很糟糕。如果不那样做，怎么能把徒劳的会议变成有意义的呢？也就是说，你要再次确认一下这次会议的必要性。例如，不是仅仅做一个报告就结束，如果你能与参加者一起共享意见和经验，那么这次会议就变成有意义的了；你可以向大家提问："那种情况下，该怎么做好呢？"大家也可以向你提问："这种时候，该怎么做好呢？"不仅仅是会议，资料制作、业务日志、日常工作也是一样的。如果你的工作没有让你感到NEED，请你大胆地向上司提出疑问，这也是一个不错的选择。如果你的上司是个好上司，那么他对于对工作抱有疑问并提出改善对策的部下，是不会发火的。

❀ **"不是所有的上司都善解人意吧？"**

的确是这样，不过这也取决于你提出建议的方式。如果你说："这样的会议是徒劳的。我们召开一个可以提出更好新计划的会议吧。"上司一定会生气吧。毕竟，这也意味着你在暗中批评上司的工作方式。不过，当你问道："我

第 4 章　通过 LOVE 和 NEED 把工作分类

可以在下一次会议上提出新的计划吗？"想必很多上司会说"好的"。如果你能把你认为无意义的工作变成有意义的，那么这份工作就是真正有必要的工作。

通过 LOVE 和 NEED 把工作分类

03

把 NEED 的工作
变成 LOVE

得意扬扬
高兴
开心
NEED

第 4 章 通过 LOVE 和 NEED 把工作分类

✦ 不断增加 LOVE 的巧妙方法

让我们进一步整理一下"灰盒子"吧。刚才笔者让你再考虑一下，这份工作是否真的有必要。或许你会肯定地回答："果然不是必要的！"那只能用某种手段或方法消除。接下来，请你再次确认一下必要的工作，以及新的 NEED 的工作。请你考虑一下，这次能不能把这些工作变成 LOVE。如果是同样的工作，你就想着做这份工作很开心。毕竟没有比做讨厌的工作更让人痛苦的事情了。于是第 2 章所讲的从"灰盒子"转移到"金盒子"的方法就变得非常有效。你只要把"不开心的工作"变成开心的工作就可以了。

❀ "你是在打感情牌吧？"

是的。请你试着利用一下"高兴""开心""自豪"等积极的感情。对于 NEED 的工作，即使不是 LOVE 的，你要有"高兴"或"开心"的心情。例如，你可以想象一下你的工作或项目何时成功。如果是你感到 NEED 的工作，当它们成功的时候，你至少应该会感到开心。一想到工作顺利的时候，你就会产生开心的心情。如果是让你觉得开心的工作，你一定也会有干劲。这样即使是你讨厌但又必要的工作，你也应该能感受到 LOVE。

整理人生

✦ 你是为了谁而工作

另外,刺激产生"高兴"和"开心"的感情,也是让你更 LOVE 工作的方法。例如,想象与一起工作的伙伴们分享喜悦的样子。

❀ "你们都体味过成就感吗?"

与更多的人分享自己在工作中取得的成就,你的快乐就会增加。当你的工作环境中有一起为成功而快乐的伙伴时,那你的工作成为 LOVE 的可能性就比较大。任何工作,都无法独自完成。和你一起努力的不仅是同一部门的人,也可能是公司内其他部门的人,也可能是客户或公司外的工作人员。和这些人一起体味工作成功带来的喜悦,即使不是为了自己,只是为了伙伴,也会产生 LOVE 吧。在工作中,你不仅要追求成果,还要追求和同伴一起工作时的快乐。那样的话,无论什么工作,都一定会成为 LOVE 的。

✦ 让工作成为 LOVE 的终极方法

其实,世界上有让工作成为 LOVE 的方法!

❀ "如果真的有这种方法,请你告诉我!"

判断工作重要性的标准是这份工作是为了谁。你到底

第 4 章　通过 LOVE 和 NEED 把工作分类

是为了谁而工作？如果是为了公司，为了上司，那么你的工作不会开心。有些人可能说是为了自己，但这样工作可能不会持续太久。为什么呢？因为如果是为了自己，只要有点困难，你可能马上就会放弃。或者说为了伙伴，这也是一个很强的动机，而比这更强的动力则是"为了顾客"。你要有"为了顾客"的观念，这才是让工作成为 LOVE 的最佳方法。为了顾客而工作，也意味着你可以让更多的人幸福，这就是终极的 LOVE。请你想象一下，很多顾客都会因为你的工作而感到幸福。想必你自豪的情感会喷涌而来，你的工作也会越来越成为 LOVE 吧。

案例研究 3

让在印刷公司工作的女会计把现在的工作分类

银 LOVE & NO NEED

金 LOVE & NEED

LOVE ↑
NEED →

黑 NO LOVE & NO NEED
- 向每个人催促经费预算

灰 NEED & NO LOVE
- 出入账目管理
- 传票管理
- 各种财务表格和决算书的制作
- 和税务师沟通
- 成本核算
- 经费管理
- 账单的发放、账户的支付
- 社会保险、税务等各种手续
- 备用品的补充

在印刷公司从事会计工作的 C 女士说："我从来没有觉得工作特别开心。"笔者马上让她把工作内容分成了四个盒子，但是没有一项内容能进入"金盒子"和"银盒子"。会计这个职业，直接和顾客接触的情况很少，也不需要考虑企划，每天只是输入和检查数字，而且很少会离开自己的桌子。于是，笔者让她想一下到底是为了谁而工作。C 女士说："因为我所在的是管理部门，当然是为了员工。"虽然这样说，但她也抱怨道，"希望员工把经费的精算等做得更好。"笔者问道："经费的精算进度慢可能是件坏事，但你有没有想过为什么会慢？"听到笔者的询问，她沉默了。过了一会儿，她小声说道："我想一定是因为要满足顾客的要求，或者交货期迫近，所以很忙……我好像没有看到前面的顾客。这样想的话，压力也会稍微减轻一点，也许可以把'灰盒子'的内容转移到'金盒子'里。"她似乎需要一些时间，才能找到真正的 LOVE 和 NEED，但笔者认为她已经获得了重要的认知。

通过 LOVE 和 NEED 把工作分类

04

想一想迄今为止工作中最令你开心的事

第 4 章　通过 LOVE 和 NEED 把工作分类

✦ 如何找到 LOVE 的工作

有些人认为工作本身就是不开心的。如果让这些人试着把工作内容分成四个盒子，有的工作内容即使不能进入"黑盒子""灰盒子"里也会有很多吧。

🌸 **"为了活下去，工作是必要的？"**

那是肯定的啊！但应该有很多人认为工作只是为了拿到工资吧。即使他们讨厌工作，但为了生活而无奈地工作，也许是真心话。不过，这样的人生很无聊吧。笔者虽然不知道你多大了，但你一定还需要工作几十年。毕竟，人生的大部分时间都要花在工作上。反正笔者想做 LOVE 的工作！也应该没有人会反对吧。

🌸 **"但是 LOVE 的工作到底是什么样的呢？"**

一定有很多人会有这样的疑问。笔者想和你一起找到一份 LOVE 的工作。首先，我们回顾一下本章第 1 节的四个盒子的分类。其中，你有放入"金盒子"的工作吗？只要有一个，你就很幸运了。你把这个工作内容弄清楚就行了。你只要一边继续现在的工作，一边专注于自己 LOVE 的工作就好了。

🌸 **"那么，一个都没放入金盒子的人，该怎么办呢？"**

这就是问题所在。这样的人就是在现在的工作中，无

整理人生

论如何都找不到 LOVE 和 NEED 的人。今后，让我们一起努力吧。

◆ 关键是要考虑你想实现什么

现在，请你回顾一下，迄今为止做过的工作。过去的事情也可以，请你想一下，你要放入"金盒子"里的东西（如果可以，请你写在纸上）。如果你想不出具体的，在工作中遇到的令你高兴的事情也可以。例如，"被上司表扬了""被客人感谢了"之类的也可以。如果可以，笔者希望你能记住你是因为什么工作而被表扬和感谢。即使是过去的工作，只要有一次进入"金盒子"，那也是宝贵的经验。也许，在这份工作的延长线上，你会找到你 LOVE 的工作。可是如果你没有想到任何事情，或者你还没有工作过，请你想想你想要实现什么。这与你的技能和经验无关，关键是你想通过工作达成什么目标？

"不用考虑具体的职业吗？"

如果你想象一下具体的职业，就会发现几乎都是大家所憧憬的，希望你尽量避免。不过，能够实现自己理想的职业有很多。因此，请你不要拘泥于一个职业，考虑一下自己想要体验什么，获得什么样的成就感，这才是更有帮助的。例如，"想成为有钱人"也是其中之一，也有人"想得到别人的感谢""想得到别人的赞赏"吧。其中，可能也有"想受异性欢迎""想要稳定的生活""想出名"的人。一旦你找到自己想要从事的职业，下一步就是考虑你该做什么，才能实现它。接下来的内容，笔者会在最后一章（第 6 章）说明。

通过 LOVE 和 NEED 把工作分类

05

制作四个盒子
待办清单

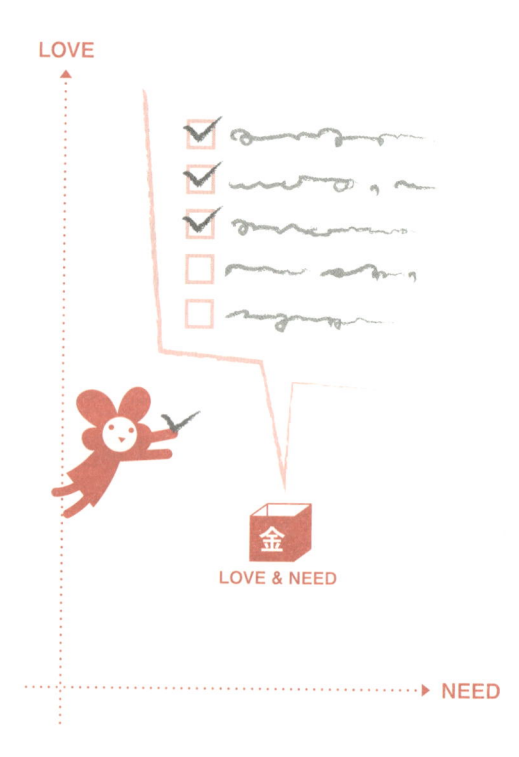

LOVE

金
LOVE & NEED

NEED

第 4 章　通过 LOVE 和 NEED 把工作分类

❖ 使用四个盒子,就能看清工作的先后顺序

在你面前,是不是堆满了必须要做的工作呢?被工作追赶着,你一定不知道从哪里着手才好。在这种情况下,很多人会创建一个待办清单。例如,早上去公司上班,就会把"今天要做的事情清单"写在便签上。那么,你到底要从哪个盒子开始整理呢?

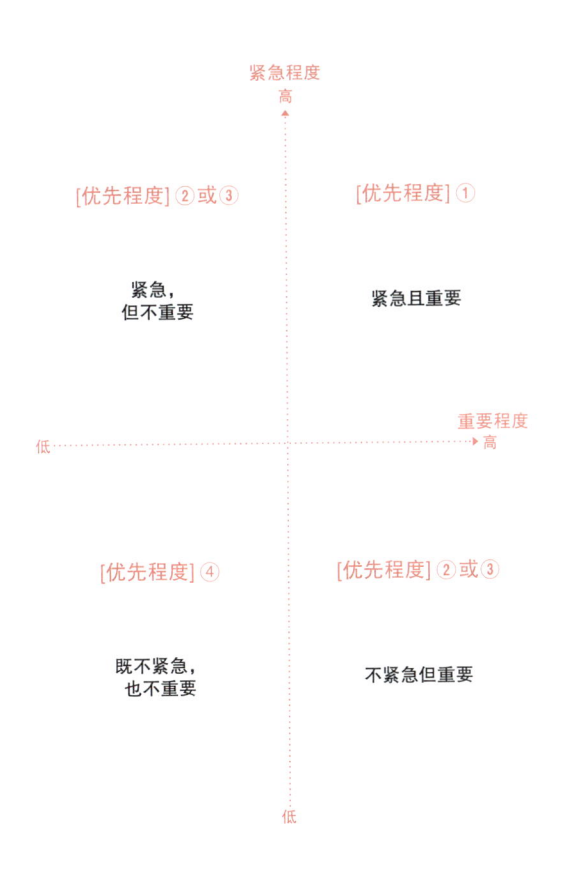

	紧急程度 高	
[优先程度] ② 或 ③		[优先程度] ①
紧急, 但不重要		紧急且重要
低 ⋯⋯⋯⋯⋯⋯⋯⋯⋯⋯⋯⋯⋯		重要程度 ⋯⋯⋯⋯⋯ 高
[优先程度] ④		[优先程度] ② 或 ③
既不紧急, 也不重要		不紧急但重要
	低	

整理人生

"要看这个工作的重要程度还是紧急程度？"

众所周知，不是根据紧急程度，而是根据重要程度来决定工作的先后顺序。如上图所示，根据紧急程度和重要程度，可以把工作分为4种。其中，对于紧急且重要的（①）和既不紧急也不重要的（④）工作，其顺序是明确的。许多人倾向于从左上角的紧急但不重要的工作开始，往往搁置了右下角虽然不紧急但重要的工作。但是为了工作和自己的职业生涯，右下角的"不紧急但重要"的工作一定不能置之不顾。这一想法经常被用于商务场合。不过，这一工作对谁来说是重要的呢？对谁来说又是紧急的呢？先做对上司来说重要的工作，一定让你有点恼火。于是，把自己作为主体的四个盒子就显得尤为重要。把你今天要做的工作分成四个盒子，先从"金盒子"里的工作开始吧。"金盒子"里的工作是优先的选择，是紧急且重要的工作。完成"金盒子"的工作后，接下来是"灰盒子"（不紧急但重要）的工作，因为笔者认为"银盒子"（紧急但不重要）是空的。当然，"黑盒子"（既不紧急也不重要）的工作，不做也没有问题。

通过 LOVE 和 NEED 把工作分类

06

制作想反复看的"四个盒子笔记"

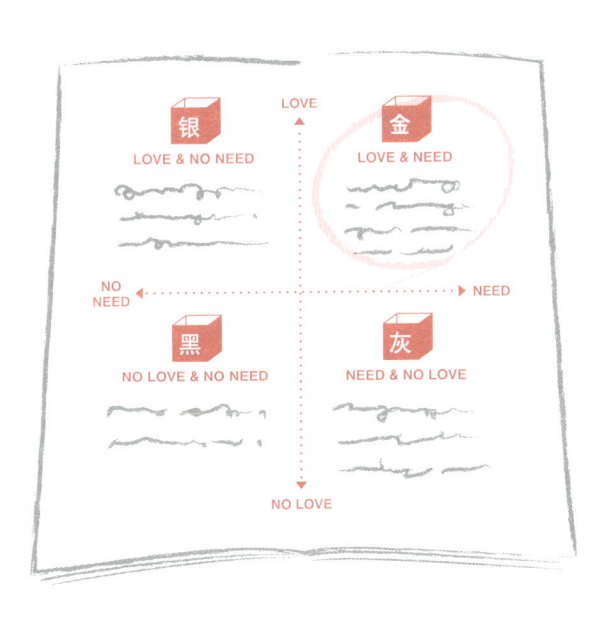

银 LOVE & NO NEED	金 LOVE & NEED
黑 NO LOVE & NO NEED	灰 NEED & NO LOVE

LOVE / NO LOVE / NO NEED / NEED

整理人生

❖ 把想法分成四个盒子

你上学的时候,一定认真地记过课堂笔记吧。这些笔记都是为了以后复习时使用,毕竟要考试。但是当你踏入社会后,你不觉得复习的机会变少了吗?虽然你也经常被说要记笔记,但是以后回头看的情况可能很少吧。特别是,你在会议上拼命地记笔记,是不是也没什么用?

"即便如此,记笔记也很有意义吧?"

没错!问题是如何记笔记。在会议上,记笔记的目的是记录销售额等数字,记录应该做的事情(包括日程表)等。更重要的是,在会议中记下自己当时的想法。但是如果只是胡乱地记笔记,后来你回头看的时候,一定也会想:"这是什么"。这时,把你的想法分成四个盒子就可以了,你可以瞬间辨别是 LOVE 还是 NEED。在重新看的时候,你只要检查"金盒子"里的东西就可以了,很简单。

❖ 用四个盒子整理海量信息

另外,四个盒子笔记对信息整理也非常有效。世界上有很多信息。你不仅可以从报纸、杂志、电视,还可以从网络新闻、Facebook、推特等地方获取很多的信息。不过,很少有人会自己去理解这些信息,并深思熟虑。他们

第 4 章　通过 LOVE 和 NEED 把工作分类

只是从右向左浏览，即使是能成为闲聊的素材，也有很多不能用于工作中。虽然单纯有趣的信息能为我们带来快乐，但对我们的工作和生活却没有什么用。于是，四个盒子就出现了。你把所有信息分类到四个盒子里，就可以找到对自己来说是 LOVE 和 NEED 的信息。

❀ "可是，把所有的信息分类到四个盒子里好像很辛苦……"

确实，把用智能手机得到的信息写到四个盒子里，会很麻烦。那么，只要你经常在脑海中想象四个盒子，再考虑这条信息会进入哪个盒子，就可以了。这也是一种养成经常在脑海中想象四个盒子的习惯的训练。然后，你只把"金盒子"里的东西记在笔记本上。这样就不那么辛苦了吧。

❀ "即便如此，还是有点麻烦……"

如果这样你还嫌麻烦，你可以在智能手机或普通手机上先做笔记，之后整理在记事本或笔记本上，就可以了。总之，你认为是 LOVE 和 NEED 的信息，以后一定会有用的，所以不轻易放过信息是很重要的。而整理信息最重要的是，不要迷失在信息之海中。今后，信息会越来越多，所以很显然更需要个人取舍能力。除了整理信息，四个盒子笔记对于其他任何事情都有帮助，如业务日志等。如果用四个盒子分类，应该在哪个工作上下功夫，就很清楚了。请你自己试一试。

通过 LOVE 和 NEED 把工作分类

07

用四个盒子集思广益，提高会议质量

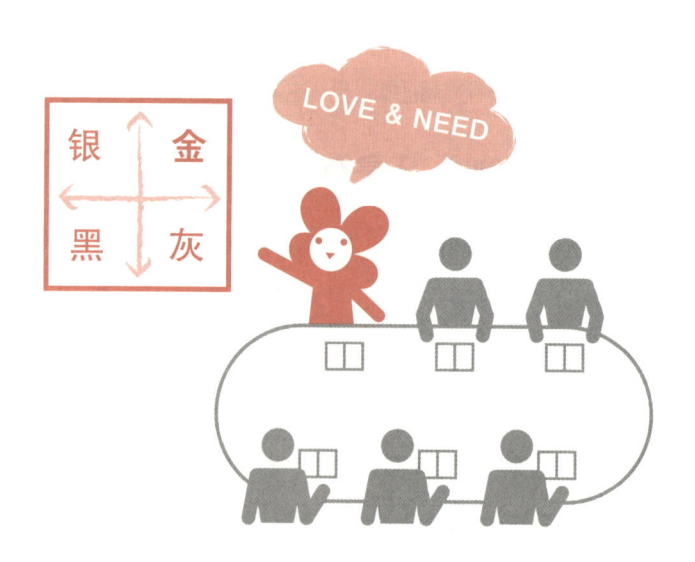

第4章 通过 LOVE 和 NEED 把工作分类

◆ 在集思广益方面也很有作用的四个盒子

互相自由地交流意见,创造出新想法的是"集思广益"(即头脑风暴)。四个盒子在这方面也具有非常重要的作用。为什么呢?因为如果你把大家的意见分成四个盒子,哪个想法最好,一目了然。首先,你在黑板上写上四个盒子;之后,你只需根据是 LOVE 还是 NEED,把出现的想法分成四个盒子。这样,你就可以很容易地把重要的和不重要的意见分开。

❀ "LOVE 是否会因人而异?"

不,意见应该不会那么不一样。原本,集思广益是为了创造更多人认为 LOVE 或 NEED 的商品和服务,而互相提出想法。所以,在考虑所有人都认为的 LOVE 和 NEED 的东西方面,"四个盒子集思广益"一定是有效的。而且,因为放入四个盒子的是客观事物,所以"由于讨厌那个人而反对那个意见"这样毫无意义的对立结构也消失了,上司的"鹤鸣一声,百鸟哑音"也容易被驳回吧。

通过 LOVE 和 NEED 把工作分类

08

制订"四个盒子营销策略"

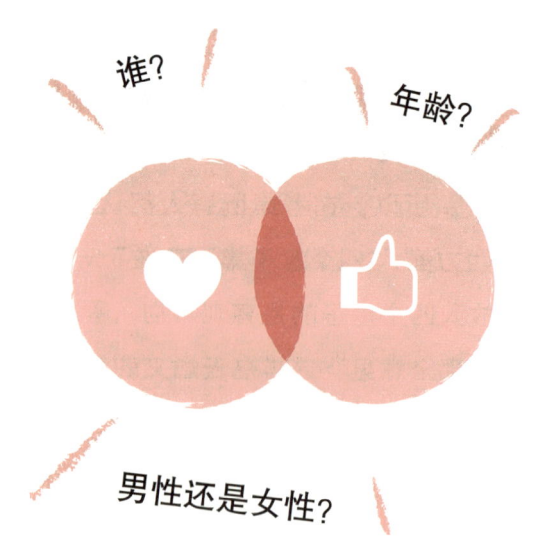

谁?

年龄?

男性还是女性?

第 4 章　通过 LOVE 和 NEED 把工作分类

❖ 顾客真正想要的是什么

"营销"一词在世界范围内被广泛使用。商品的品牌化和差异化、顾客的细分（区分）、价格策略、广告和促销、在线营销、利用顾客心理的策略、市场调查等很多东西被称为营销。

❀ "总觉得很难吧？"

不过，营销从根本上说，就是创造顾客真正想要的商品和服务，并且让顾客有效地获得这些信息，以购买商品和服务。创造商品和服务的方法将在下一节中进行说明，在此，笔者想用四个盒子法则来整理现有的商品和服务，以及如何确定目标顾客。首先，你要考虑商品和服务的特点。请你马上把你经营的商品和服务的特点分成四个盒子，把它们的优点、缺点都写好，放入四个盒子。例如，价格对顾客来说是否是 LOVE，这个商品或服务是 NEED 还是 LOVE，哪一点是 LOVE，哪一点是 NEED？这些都是你要考虑的。另外，思考顾客想成为什么样的自己，想要获得什么样的便利，自然也会让你获益。

❀ "你要总是站在顾客的角度去思考吗？"

就是这样。在区分了商品和服务的特点后，你要从作为核心的顾客层面来思考。也就是说，你要以什么样的顾

整理人生

客为营销对象呢?你们公司的商品和服务,到底是谁想要购买呢?请你稍微考虑一下。

✦ 首先要尽量缩小目标

虽然你希望尽可能多的人购买,但是请你先试着设定核心的顾客层。首先从粗略的划分开始,参考刚才思考的商品特点,确定目标客户是男性还是女性,是20多岁、30~40岁,还是40岁以上。用四个盒子来区分以哪个年龄段、什么样属性的人群为目标。

而且你要更仔细地观察。同样是30多岁的女性,单身和已婚、有没有孩子等都会影响她们的购买兴趣。当然,住在市区和住在郊外的人群,喜好也都不一样。另外,不同人的兴趣也有差异。例如,有些人对自然和健康的饮食感兴趣,有些人对名牌和美容感兴趣。

"一定要分得这么细致吗?"

当然,通过尽可能细致的划分,顾客的LOVE和NEED就更明确了。首先尽量缩小目标,然后再扩大,这样更容易把握销售的要点。这和一般的东西很难专业化,但把专业的东西一般化比较容易是一样的。如果你决定了向什么样的顾客展示什么样的特点,剩下的就简单了。更具体而言,对于顾客来说,只要向顾客推销他们LOVE

和 NEED 的商品，就可以了。那个时候，你可以根据商品和目标顾客制订宣传计划。例如，活用媒体和广告；创作暖心的故事；当然，你也可以让顾客幻想闪耀的未来。另外，还有其他各种各样的营销方法，但是如果把营销方法分成四个盒子，你就可以很清楚地看到接近你的目标顾客的营销方法了。而且你可以将市场调查的结果也分成四个盒子，这样就可以看到顾客对什么感兴趣，对什么抱有不满。

通过 LOVE 和 NEED 把工作分类

09

用四个盒子
思维法创新

第 4 章　通过 LOVE 和 NEED 把工作分类

✦ 创造热门商品的小窍门

利用四个盒子的思维法有助于创造出对世界有重大影响力的创新产品。为什么呢？因为这种思维法可以创造更多人所认为的 LOVE 和 NEED 的东西。笔者在第 1 章也做过说明，让我们再一次举出具有创新性的商品和服务吧。例如，智能手机、清扫机器人、电动汽车、电动自行车、便携式音乐播放器等商品；就服务来说，便利店这种店铺形态的服务也是一种创新；集成电路（integrated circuit，IC）卡、网购网站、推特等聊天软件，也是如此。所有这些不就是 LOVE 和 NEED 的东西吗？虽然不是所有人，但是更多的人所认为的 LOVE 和 NEED 的商品和服务，在世界创下了大受欢迎的记录，影响着很多人的生活。

❀ "那么，光想一想 LOVE 和 NEED 的东西，就可以了吗？"

笔者想说的是确实如此，但这也相当困难。所有人都认为 LOVE 和 NEED 是每个人都会想到的事情，而且很少能这么轻易地想到新的商品和服务。因此，四个盒子思维法就出现了。在此，我们通过给只有 LOVE 的东西或只有 NEED 的东西添加什么，创造出新一代 LOVE 和 NEED 的东西。首先，你要把 NEED 添加到 LOVE 中，重点是"方便"。比如，每个人都喜欢的音乐，能够随身

整理人生

携带数万首歌曲的手机音乐播放器,正是方便的象征。像便携式电脑一样的智能手机、不用买票的 IC 卡、应对能源危机的、NEED 的电动车等环保车、在家也能购物的网上商店等,也是如此。也就是说,在你认为是 LOVE 的"银盒子"里的商品或服务上,加上"方便",就可以将其转入"金盒子"了。

> "反过来,这也意味着要关注不方便的事情吧?"

你关注到了好的、方便的事情。把你的想法转向平时就觉得"不方便"的事情,也是你创新灵感的来源。

✦ 给 NEED 添加 LOVE 是很难的

接下来,我们来看看给 NEED 添加 LOVE 的例子,这可能有点难。因为 LOVE 的感觉,是因人而异的。和刚才一样,加上"方便",也有可以成为 LOVE 的东西。例如,原本是 NEED 的吸尘器,加上自动打扫的功能,变成清扫机器人,就变成了 LOVE。以前只是 NEED 的固定电话,加上能随身携带以及可利用的各种功能,制造成普通手机,甚至智能手机,可以说就变成了 LOVE 的商品。但是仅此还不够,我们需要更多的附加价值。想要让其成为更多人的 LOVE,就必须增加设计、舒适度、可爱的设计、自由的时间、创作故事,等等。

❀ "难道不是越来越便宜就好了吗？"

这也是一种方法。不过要降低价格，还存在降低制造成本和提高作业效率等必须解决的问题。如果降低价格，利润就会减少，对卖方公司来说就不是 LOVE 了，所以创造顾客和卖家双方都 LOVE 的商品和服务，可以说是最理想的。但说起来简单，想创造出来却很难，所以请你试着考虑一下怎样才能获得附加价值。

10 通过 LOVE 和 NEED 把工作分类

实践持续有干劲的四个盒子学习法

增长

LOVE & NEED

时间

第 4 章　通过 LOVE 和 NEED 把工作分类

只有学习，才能改变你的人生。作为社会人，要想不断的成长，就需要不断的学习。那么，究竟该学什么呢？

❀ "要学习对工作有帮助的内容吗？"

肯定的答案只有 50 分。为什么呢？因为它只考虑到了 NEED。为了需要而学习，和为了考试而学习没有什么差别，会让你讨厌，学习的时间也不会太久。很多人之所以会半途而废，就是因为他们学习了进入"灰盒子"的内容。如果你只以"取得这个资格证""掌握这个知识比较好"等理由来学习，却没有相当大的决心和觉悟，就无法坚持到底。考试基本上都规定了考试时间。然而，当你走入社会，你的学习是没有期限的。人必须活到老，学到老，否则就不能作为一个人而成长，也无法体会到自我追求的成就感，而且不能收获一个丰富的人生，也不能从心底感受到更幸福。反正还是快乐地学习比较好，学习使你幸福，只有学习，才会改变你的人生。虽然在学习的过程中，你会遇到让你感觉快乐的事情，但如果你从一开始就快乐地学习，岂不更好？简单地说，学习你认为 LOVE 和 NEED 的内容，就可以了。

❀ "如果不知道什么内容是 LOVE 和 NEED 呢？"

本章一开始，笔者让你把你的工作分成了四个盒子。可能你把大部分的工作都放入了"灰盒子"，但是只要有

整理人生

一份工作在"金盒子"里，你就集中精力学习吧。

✦ 想想你想成为什么样的自己

如果"金盒子"里什么都没有，想想你想成为什么样的自己也是一种方法。如果你想出人头地，可以读一些管理方面的书籍；如果你想投资，可以读一些关于投资和金融的书籍；如果你想了解别人的感受，可以读一些心理学和沟通方面的书籍；如果你想健康，可以读一些关于健康的书籍。当然，读书不是学习的唯一途径。你会遇到各种各样的人，也会从各种各样的体验中受到教育。总之，你要以你想成为的自己为目标，持续努力学习。

❀ "如果连想成为的自己都不知道，该怎么办呢？"

在这种情况下，笔者认为你可以先从自己 LOVE 的东西开始。如果你喜欢小说，就看小说，从中可以学到很多东西。例如，笔者听说喜欢司马辽太郎[①]的经营者很多。因为司马辽太郎以幕末等动荡时代为背景的作品很多，经

---

① 译者注：司马辽太郎（1923—1996 年），日本小说家，曾是一名新闻记者。他在细致周密地查阅资料的基础上，以其对历史的独特认识刻画了日本战国时代与幕府时代末期明治变革时期的人物，创作了大量的小说、文化论及随笔等多方面的作品。1960 年，他以《枭之城》获第 42 届"直木奖"；1993 年，获"日本文化勋章"。代表作有《龙马行》《窃国物语》《坂上之云》等。

营者可以从其中描绘的具有魅力的人的身上，学到很多东西。也就是说，你可以从小说中学习为人处世的方法。如果你有想学习的意识，无论从哪个学习对象那里，都能学到东西。即使是从失败的人身上，你也可以学到很多，它会使你变得更强大，让你的人生更丰富。学习不仅是为了吸收知识，提高个人魅力也是学习的目的。学习的时候，建议你把要点记在四个盒子里。只有这样，你的学习效率才会更高。

第5章

通过 LOVE 和 NEED 把生活分类

通过 LOVE 和 NEED 把生活分类

01

把从早上起床到晚上睡觉的行动分成四个盒子

把一天的行动分成四个盒子

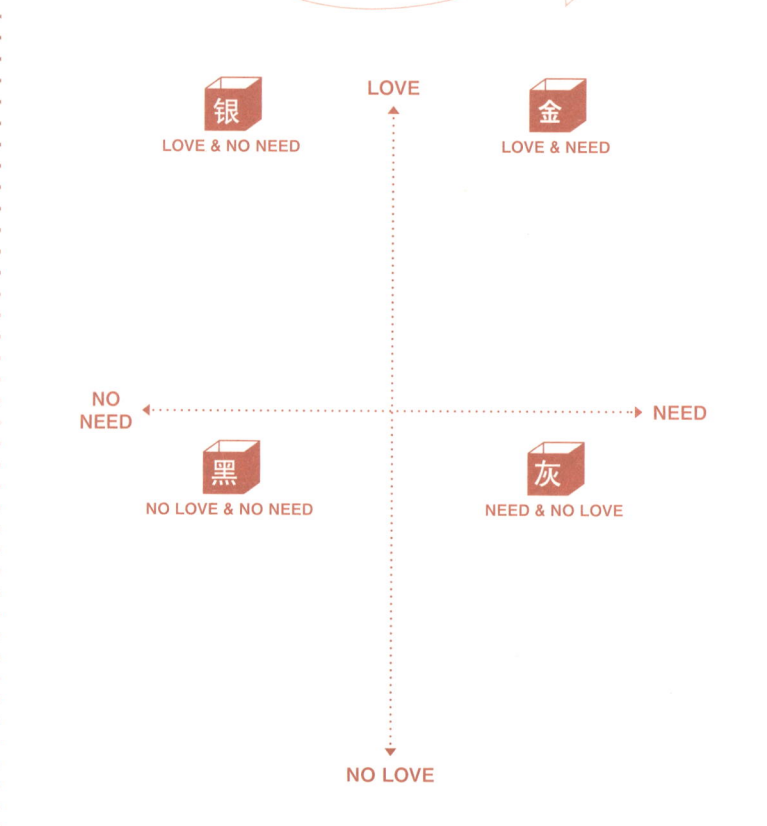

```
                        LOVE
            银                      金
       LOVE & NO NEED         LOVE & NEED


NO                                              NEED
NEED  ·································→

            黑                      灰
     NO LOVE & NO NEED       NEED & NO LOVE

                       NO LOVE
```

第5章　通过 LOVE 和 NEED 把生活分类

✦ 你的每一天都充满着 LOVE 和 NEED 吗

如果你把日常生活分成四个盒子，你就能看到被忽视的幸福以及无用的东西。本章里，请你想一想用 LOVE 来点缀日常生活的方法吧。请你马上把你的日常生活分成四个盒子。例如，请你记住自己一天的行动，并试着把它们分到上页图中的四个盒子里。

🌸 "没有任何想法的行动也可以吗？"

是的。不过，你最好把焦点放在习惯性的行动上。当你真正把你的行动放入四个盒子时，你会发现在你没有任何想法的日常生活中，究竟是 LOVE 多还是 NEED 多。例如，一天中你看手机的时间相当多，特别是和推特等聊天软件相关的行动在增加。虽然也有轻松和人联系、共享信息等快乐方便的一面，但另一方面，在聊天软件上的交流很累，看到它们的时候也会觉得很厌烦。如果聊天软件让你感到疲劳，你可以果断地停止聊天。

对于你来说，聊天软件已经不再是 LOVE 或 NEED 了。也就是说，如果你把时间花在分到"黑盒子"的行动上，那就太可惜了。为了不成为负担，你可以和"黑盒子"的行为保持适度的距离。另外，适当的社交也很重要。例如，职场和熟人之间的酒会也要参加，"虽然不太想去，但因为是社交，所以没办法，还是得去。"如果是令

整理人生

人愉快的酒会，无论参加多少都可以；但如果是进入"黑盒子"的酒会，那就是浪费时间和金钱。如果你试着把酒会分成四个盒子，自己是否喜欢这个酒会就会变得清楚，所以决定"不喜欢的酒会不参加"也是不错的。当然，在日常生活中，进入"金盒子"的东西最多但被 LOVE 的东西（"银盒子"）所包围的生活也不差。相反，如果被"灰盒子"里 NEED 的东西包围，生活可能就失去了味道。另外，在"黑盒子"里的，虽然不是 LOVE，但也不至于讨厌的东西可能很多。接下来，请你考虑一下把不是 LOVE 的东西变成 LOVE 的方法——给只有 LOVE 的东西添加 NEED 的方法吧。

案例研究 4

让男员工把休息日的活动分成四个盒子

银 LOVE & NO NEED
- 回家后看体育新闻
- 在网上看漫画书

金 LOVE & NEED
- 和好朋友一起出去喝酒

黑 NO LOVE & NO NEED
- 听到朋友发牢骚
- 因为无聊而抽烟

灰 NEED & NO LOVE
- 吃早饭
- 上厕所
- 早上洗澡
- 到银行取钱
- 到便利店买便当做午饭
- 在聊天软件上聊天
- 下雨,买了一把透明雨伞

笔者让 D 先生（20 多岁，单身）把休息日一天的活动分为四个盒子，结果如上图所示。乍一看，你就会发现不是 LOVE 的"灰盒子"和"黑盒子"里的内容很多。D 先生似乎并不觉得自己很不幸，但似乎也没有特别多的充实感。或许是因为习惯了工作吧，他自己也说这影响了他日常生活的质量："我以为自己只是在做工作而已，但是这样分成四个盒子，让我强烈地感觉到日常生活也可以很顺利……"由于是日常生活，所以所有的一切或许都很难成为 LOVE。可是，从 D 先生的四个盒子来看，感觉有几个活动是可以成为 LOVE 的。于是，笔者和 D 先生一起思考了"这里面有没有可以成为 LOVE 的活动"。详细情况笔者在此不做说明，本章后面也有以 D 先生的体验为基础进行说明的内容。用四个盒子区分日常生活后，D 先生似乎找到了很多能让人幸福的活动。D 先生笑着说道："以前，我也曾经想过自己是否就这样惯性下去，变成 30 岁的人，对此我感到很不安。但用了四个盒子后，我每天应该都会很开心。"

通过 LOVE 和 NEED 把生活分类

02

用四个盒子丰富你的饮食生活

把你最近吃过的食物分成四个盒子

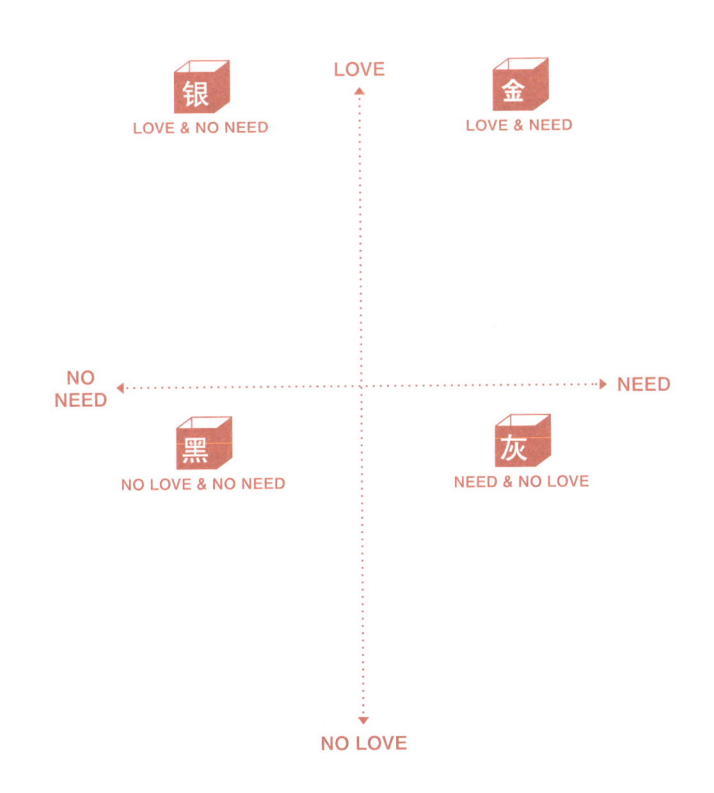

```
              LOVE
   银                    金
LOVE & NO NEED      LOVE & NEED

NO ─────────┼───────── NEED
NEED
   黑                    灰
NO LOVE & NO NEED   NEED & NO LOVE

             NO LOVE
```

整理人生

❖ 更认真地考虑吃饭

在日常生活中，绝对不能缺少的东西之一就是"吃饭"。很多人会在早上、中午、晚上理所当然地吃3顿饭。不过，也许有些人连昨天吃的东西都想不起来。明明是每天都做的事情，难道不是什么都不用想，只要把食物吃下去就行了吗？那么，你不觉得太可惜了吗？吃饭是保证身体健康的基础，对每个人来说，吃饭是LOVE。你可以想象一下：如果你每天只吃自己喜欢的东西，该有多么幸福呀？

❀ "因为吃饭，你可能会变胖，也可能会生病，而且吃饭也需要钱啊！"

不，并不是说要你成为美食家。确实，如果胖了、生病了、债务缠身，你就会一无所有。正因为如此，人们才会吃对身体有益的东西，在意热量，在脑海中计算得失。那么，请你在此重新把你最近吃的东西放进四个盒子吧，包括咖啡和点心等，具体地写在上面的图中。

❖ 尽量选择 LOVE 和 NEED 的食物

那么，哪个盒子里的食物会是最多的呢？可能"灰盒子"里的食物会意外的很多，有人会义务性地吃午饭。例如，有人会在便利店买便当和饭团吃，肯定也有人因为省事而吃快餐。可是，每天都这样的话，多少会有点遗憾。

🌼 "对于虽然是NEED，但不是LOVE的食物，该怎么办呢？"

例如，虽然蔬菜是人体必需的，但是你不太喜欢吃。其实，关于这个，没有那么难。只要不是被动的，只要你有选择的意识，自然就能把NEED的食物变成LOVE。用别的东西代替NEED，也是一种方法。如果你选择吃富含维生素的食物（如水果等）来代替维生素补充剂，补充维生素自然就会变成LOVE。如果你无论如何都想不出替代方案，就想象一下变得不健康的自己（或者胖了的自己）。如果生病了，该有多难受啊！健康的身体，只有失去了，才觉得珍贵。你还可以想象限制饮食的自己，既美丽又健康。如果能让你一直保持健康，看起来只有NEED的食物一定也会变成LOVE的。

🌼 "听说身体是由食物做成的？"

的确，吃什么是很重要的。正因为如此，希望你认真面对每天的饮食，选择LOVE和NEED的东西。话说回来，点心、果汁、咖啡等嗜好品，你可能把它们都放在"银盒子"里了。不过，对于看起来只是LOVE的食物，如果加上NEED的解释，就会进入"金盒子"了。例

整理人生

如，如果人生没有甜食，可能会很无聊；甜食有助于消除压力。只是无论如何，适度很重要。无论多么 LOVE 和 NEED 的食物，如果你只吃这些食物，对身体是有害的，就会起到反作用。果然，饮食平衡很重要。遗憾的是那些被放入"黑盒子"的食物，对于既不是 LOVE 也不是 NEED 的食物，请你马上停止食用。

通过 LOVE 和 NEED 把生活分类

03

想想衣服是 LOVE 还是 NEED

今天有点热

LOVE & NEED

盒子

整理人生

✦ 意外地没有穿放入"金盒子"里的衣服

对时尚感兴趣的人应该会理解，西服会让你的生活变得丰富多彩。话说回来，你穿着对自己来说很 LOVE 的衣服吗？

❀ "没有人会穿不喜欢的衣服！"

可是穿不喜欢也不讨厌的衣服的情况也很多吧？例如，穿工作服。你会在意周围的目光，只选择简单不显眼的让人无可挑剔的西服吗？笔者也理解这种心情，在工作中，无论如何都会选择 NEED 的西服。尽管如此，你穿 LOVE 的西服绝对会很开心。

对于你自己，可能不知道什么样的衣服是 LOVE 和 NEED 的吧。首先，把你的衣服分成四个盒子。认为把所有衣服都分类是很麻烦的人，可以只分类自己经常穿的衣服。那么，你会得出怎样的结论呢？平时不讲究穿着的人，在既不是 LOVE 也不是 NEED 的"黑盒子"里，是不是装了很多西服呢？并不是说什么都要时尚，或者你要对时尚更感兴趣。你不需要买名牌的、贵的西服，也不用去翻阅时尚杂志，没有必要追求流行。的确如此，只要选择你认为是 LOVE 的西服，就可以了。它穿着舒适、摸起来舒服、是自己喜欢的颜色、面料好……如果因为工作需要穿西装，你也可以搭配自己喜欢的颜色的衬衫和领带，选择穿着舒适面料的衣服等，这样你就在 NEED 中加入了 LOVE。如果你穿上自己喜欢的西服，意识到 NEED，自然就会把它变成装进"金盒子"的西服。

❖ 扔掉"黑盒子"里的衣服，穿上"金盒子"里的衣服

其实，周围的人并没有像你想的那样去关注你。请你想一下，你还记得昨天见到的人穿着什么样的衣服吗？你还记得一个月前见过的人所穿的衣服吗？

❀ "那样的事情，一点都不记得了！"

如果你充分理解了 TPO[①]，穿着 LOVE 的西服，服装就不会给您带来负面影响。当然，如果私服完全是 LOVE，就好了。除此之外，重点是在 LOVE 中增加一点 NEED。那么，把你现在拥有的西服全部变成 LOVE 的吧。这很简单。这和之后要说明的房间整理是共通的，只要你把你的衣柜装满 LOVE 的衣服，就可以了。如果你有收纳箱，你可以一边考虑这些衣服到底是 LOVE 还是 NEED，一边分类。

---

① 译者注：TPO 是指着装的原则，即着装时要考虑时间（time）、地点（place）、场合（occasion）。TPO 就是这 3 个英文单词首字母的缩写，它要求人们在选择服装时，要兼顾时间、地点和场合，并力求使自己的着装与时间、地点和场合协调一致，形成相对完美的搭配。

整理人生

🌸 "如果整理一下,不需要的东西就清楚了。"

这正是目的所在。如果你试着分类,既不是 LOVE 也不是 NEED 的衣服意外地很多吧。特别是"黑盒子"里的衣服,你干脆扔掉吧。然后,你在"黑盒子"里,放入 LOVE 和 NEED 的衣服。把"黑盒子"的衣服换成"金盒子"的,穿着 LOVE 和 NEED 的衣服,你的生活就会变得非常丰富。光是换衣服,你就会感觉变成了全新的自己,真是不可思议。

通过 LOVE 和 NEED 把生活分类

04

用四个盒子整理术让家和房间变得舒适

整理人生

✦ 用四个盒子整理术让房间复活

笔者希望你考虑一下，使家里和房间内变得舒适的四个盒子整理术。

家里乱七八糟、不擅长收拾东西的人，难道不是因为他们无法区分需要什么、喜欢什么吗？意识到自己是不擅长整理的人，请看一下家里的客厅。那里真的只有 NEED 的东西吗？真的只有 LOVE 的东西吗？

❀ "确实，好像也有不需要的东西。"

没错。因此，你需要把房间里的东西分成四个盒子，这就是"四个盒子整理术"。如果你很难关注到一个房间里的所有东西，也可以像冰箱、储藏室、电视机柜的抽屉那样，从限定在某个小地方的东西开始整理。

和西服一样，餐具、烹调工具、书籍、杂志、儿童玩具等，你也可以用四个盒子进行分类。无论哪种方法都可以，请试着用 LOVE 和 NEED 把它们分成四个盒子。放入"金盒子"的东西没有什么问题，因为你一定把它们放在显眼的位置。然而，"银盒子"里，也有被遗忘在抽屉深处的东西吧。明明是 LOVE，但因为不是 NEED，所以这些东西不怎么出现在显眼的位置。不过，你这一定是抱着金碗挨饿，毕竟你没有让它们发挥作用，只是将它们闲置起来。

第5章 通过 LOVE 和 NEED 把生活分类

❀ "经常装饰一下比较好吗？"

虽说没必要经常装饰，但如果你房间的架子上有空间，偶尔装饰一下也是不错的。所谓 LOVE 的东西就是只要你看到它，就会感到幸福；只要你看到它，就会想从明天开始要努力加油；只要你看到它，就会心情平静。理想的状态是，你房间里所有的东西都是你的 LOVE。想象一下对你来说，只被 LOVE 包围的房间是什么样的呢？你难道不会感觉很愉快吗？如果你在家里的时间充满了幸福，那它肯定也会影响其他的事情。无论是工作还是生活，你的心情都会很舒畅。

✦ 用 LOVE 填满你的房间

现在能随心所欲整理的，难道不是你自己的房间吗？可以的话，首先从给你自己的房间增加 LOVE 开始吧。

❀ "可是，即使不是 LOVE，也有 NEED 的东西吧？"

当然，有些东西是 NEED，但不是 LOVE。例如，电视机的遥控器、纸巾、垃圾箱等，只要在手边就很方便，但感觉 LOVE 它们的人却很少。在这种情况下，使用收纳盒也是一种方法。你可以在自己喜欢的小收纳盒里放入遥控器和笔等细小的东西，也可以买可爱的纸巾盒和酷酷的垃圾箱等。

整理人生

总之，你眼睛看到的地方，对你来说都是LOVE的东西。另外，还有一些东西只有你自己认为是NEED，其实不是NEED。例如，旧的杂志、有一天可能会用到的外卖传单、最近没听的CD、没有使用的化妆品等，诸如此类意外放着的东西也有吧。请你好好想一下，这对你来说真的是NEED（或者是LOVE）吗？然后，笔者希望你再考虑一下这些东西能不能放入"黑盒子"。如果可以放入"黑盒子"，请你果断扔掉，把房间整理干净。

案例研究 5

让不擅长整理的主妇把客厅的东西分类

LOVE

银 — LOVE & NO NEED
- 相册（照片）
- 孩子画的画
- 立体声设备
- 观叶植物

金 — LOVE & NEED
- 电视剧
- 录像机
- 沙发
- 新婚旅行时买的座钟

NEED

黑 — NO LOVE & NO NEED
- 旧报纸、旧杂志
- 堆积如山的塑料袋
- 没用过的坐垫
- 礼物的装饰品
- 商品盒等
- 100张左右的旧CD
- 旧游戏机和软件
- 纸袋

灰 — NEED & NO LOVE
- 纸巾盒（10个左右）
- 孩子的玩具和绘本
- 尿布和卫生纸
- 桌子　●棉棒　●药箱
- 空调遥控器
- 吸尘器
- 拖鞋　●垃圾箱
- 指甲剪　●体温计

笔者让不擅长整理的E女士（30岁左右，已婚）先把客厅里的东西分成四个盒子。最初，"黑盒子"里没有任何东西。正因为如此，这位主妇才不知道什么是不需要的。于是，笔者决定让E女士找出可以从"灰盒子"转移到"黑盒子"的东西，结果如上图的"黑盒子"所示。另外，即使是留在"灰盒子"里的东西，也有吸尘器和纸巾盒（里面有纸巾）等不应该放在客厅里的东西。E女士老实地对笔者说："壁橱里满了，没办法就放在外面了。"实际上，壁橱里也有很多可以扔掉的"黑盒子"里的东西。之后，E女士说道："我已经把壁橱整理干净，里面有了相当大的空间。我已经把我需要的东西转移到那里了。"而且E女士的客厅里还有一些虽然必要但却造成客厅混乱的孩子的东西，她已经决定把它们放入收纳盒。"总之，可以放入画画的纸箱里，也可以放入贴着可爱胶带的纸箱里。"通过把客厅里的东西分成四个盒子，E女士对之前那些模糊不清的要还是不要的东西有了深入的了解，似乎找到了不把客厅弄得一团糟的方法。

通过 LOVE 和 NEED 把生活分类

05

重新看看你在家里做什么

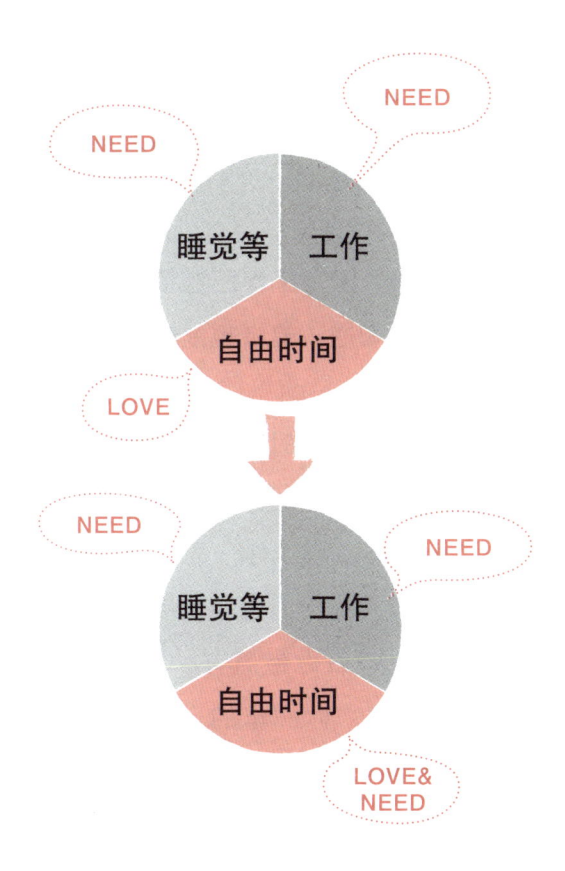

NEED

NEED

睡觉等 | 工作

自由时间

LOVE

NEED

NEED

睡觉等 | 工作

自由时间

LOVE & NEED

整理人生

❖ **你浪费了自由支配的时间**

从下班回家到睡觉之前的时间，或者休息日在家的时间，你都在做什么呢？有的人可能看电视，有的人可能玩智能手机，有的人可能沉溺于游戏。如果让你把在自由支配的时间里做的事情分成四个盒子，你会把它们放入哪个盒子呢？

❀ "这么说的话，感觉浪费的时间好像很多啊……"

当你回家的时候，因为工作已经很累了，就想悠闲地度过，这一点笔者也知道。笔者也能理解在休息日你想尽情放飞自我的心情。

但是每个人自由支配的时间是不同的。例如，假设你平日里有 2 小时在家的自由时间，如果周末等休息日你有 8 小时左右的自由时间，那么你一周的自由时间就相当多了。当然，你会和恋人约会，也会和朋友一起出去玩。因此，为了方便计算，假设你每周有 20 小时的完全自由时间，那么一年有 52 周，你一年的自由时间就有 1040 小时。事实上，它相当于大约 43 天的自由时间。如果你浪费了 10 年的时间……想想，都有点可怕吧。如果你有那么长的自由时间，认真做点事情，那么你就可以在任何事情上独当一面。

第 5 章　通过 LOVE 和 NEED 把生活分类

✦ 每天的积累，造就 10 年后的你

❀ "可是，到底该做什么好呢？"

对你来说，该做的事情就是你 LOVE 和 NEED 的事情。如果你自己目标明确，就朝着那个目标努力前进吧。因此，如果你描绘一下 10 年后理想的自己，你必然会发现你该做的事。可以说，最理想的是，为了自己的梦想而学习。不过，无论做什么事情都可以，所以极力去做自己 LOVE 的事情也是不错的。例如，读自己喜欢的书、做菜、做点心、锻炼……都可以。即使你现在只是 LOVE，但如果你能坚持到最后，在 LOVE 里加入 NEED 并不那么难。你的兴趣也可以与你的工作联系起来。在这种情况下，你可能更容易开辟一条以狂热的兴趣谋生的道路。在这个世界上，有的人因为喜欢文具而成为文具顾问，有的人因为喜欢橡胶枪而在各地举办相关的活动或者出版相关的书籍。当然，这并不是一件容易的事，但也有很多人通过在自己感兴趣的领域里大显身手，而成为该领域的第一人。

❀ "这不就是狂热吗？"

不，不仅如此。即使是一般的兴趣，只要你频繁地把你的想法表达出来，也一定会吸引别人的目光。另外，如

整理人生

果你考虑到别人的 NEED，那么你的兴趣就会成为 LOVE 和 NEED。例如，你可以是游戏评论家、商务书评论家、旅行达人、料理研究家、绘本专家、育儿顾问等，所有的一切你都可以考虑。你在通勤时也可以有效利用自由时间。假设你的通勤时间是 1 小时，往返是 2 小时，一周就是 10 小时，一年就是 520 小时，10 年就是 5200 小时。怎么样？如果你把这些时间和你在家里的自由时间组合在一起，是不是感觉什么都可以做？每天的积累，能造就 10 年后的自己。

通过 LOVE 和 NEED 把生活分类

06

家务不仅仅是 NEED

整理人生

✦ 把家务变成 LOVE 和 NEED 的 4 个方法

你不觉得没有比家务更没有回报的工作吗？无论你多么努力，都不会受到表扬。就连你最希望得到理解的伴侣和家人，甚至连一句感谢的话都没有。而且，因为你没有工资，所以也很难有干劲……

"可是，一定要做吧？"

是的。家务虽然不是 LOVE，但绝对是 NEED，可以说它是"灰盒子"里的"终极居民"。可是，做家务也太辛苦了。因此，笔者希望你考虑一下把家务变成 LOVE 和 NEED 的方法。

1. 从家务中找到 LOVE 的东西

家务也有很多种类，大致可以分为做饭、洗衣和打扫3类。做饭包含制订菜单、购买食材、切菜、煮菜、炒菜和收拾整理等。洗衣的话，因为几乎都用洗衣机洗，所以你要做的只是晾干和折叠吧。打扫则包含使用吸尘器、擦拭等；另外，厕所、浴室、厨房等地方也可以分类。像这样细分的话，你应该能找到一件自己 LOVE 的家务吧？例如，你喜欢制订菜单；喜欢打扫，这样你的房间会很干净……即使不能把所有的家务都变成 LOVE，但如果"你喜欢做的家务"，应该能稍微接近"金盒子"。

2. 寻找可以偷懒的地方

归根结底，你之所以讨厌做家务，是因为你认为家务是一定要做的。你可以每周打扫一次卫生，也可以去买一些现成的家常菜。不要勉强自己做讨厌的事情，偶尔也要偷偷懒。如果你不喜欢打扫，可以购买清扫机器人，即使这需要花钱，洗碗机也一定要购买。凡事追求完美，最终难受的是自己。稍微放松一下，不要积攒压力。反之，你要想一下该怎样在偷懒的同时，又很好地完成家务，也许这很有趣。总之，家务不是绝对的 NEED，而是并不严格的 NEED。

3. 激发好奇心

这主要是用于做饭的方法。例如，你可以试着挑战一下新的饭菜。虽然这很费时间，但是如果做出更好吃的东西，也是很开心的事情。你可以重新考虑食材的搭配，尝试至今为止没有尝试过的烹饪方法，这会激发你的好奇心。而且如果能吃到美味的食物，对你和伴侣来说，都应该是最好的 LOVE。

4. 给自己一个奖励

最后的办法是给自己一个奖励。不仅仅是单纯地买想要的东西，如果你做得好就获得积分等，把家务游戏化也不错啊。如果你有孩子，和孩子一起做家务，一定会很开心。为了减轻辛苦和痛苦，你可以在自己面前挂上一个奖赏的"胡萝卜"，也是你享受家务的重点之一。

> "我同意给你奖励。"

不管用什么方法，家务都是必须做的，所以爱上家务

整理人生

是比较划算的。如果你能从"讨厌的家务"中找到乐趣，把它们变成"喜欢的家务"，那你应该可以开心地做。另外，比起期待家人的感谢，自己寻找乐趣，可以成为做家务的动力。做家务原本就不是为了别人，而是为了自己。如果能找到更多的 LOVE 和 NEED，那么你的生活将会丰富多彩。

通过 LOVE 和 NEED 把生活分类

07

跟那些明明该放弃又很难放弃的东西说再见

关于减肥的四个盒子的例子

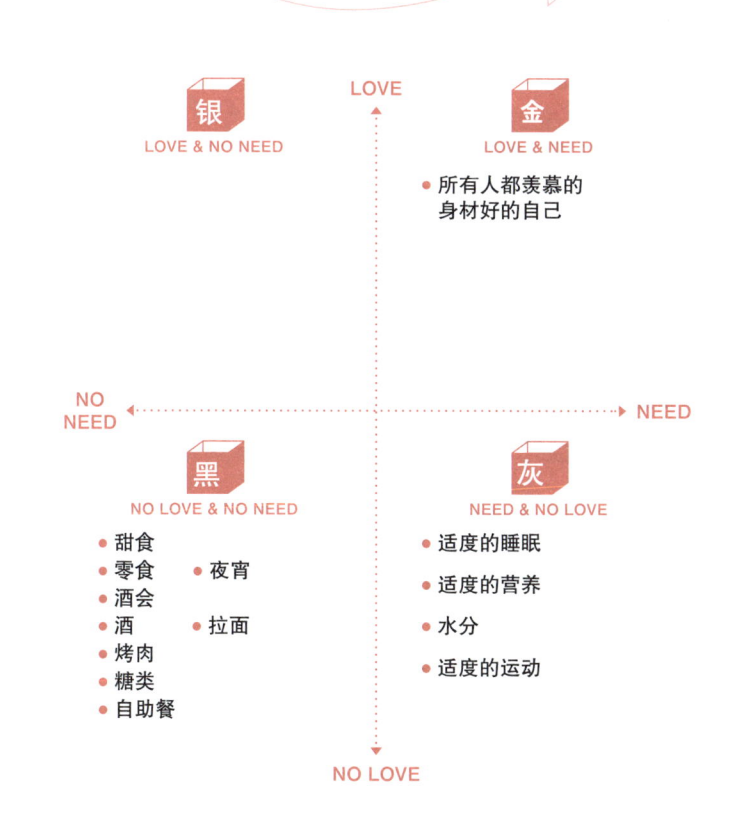

银 LOVE & NO NEED

金 LOVE & NEED
- 所有人都羡慕的身材好的自己

LOVE / NO NEED / NEED / NO LOVE

黑 NO LOVE & NO NEED
- 甜食
- 零食
- 酒会
- 酒
- 烤肉
- 糖类
- 自助餐
- 夜宵
- 拉面

灰 NEED & NO LOVE
- 适度的睡眠
- 适度的营养
- 水分
- 适度的运动

整理人生

❖ 减肥和戒烟成功的秘诀

有一些东西即使你知道要放入"黑盒子",也很难放弃。减肥和戒烟可以说是其中的典型代表。你明明想瘦,却不知不觉就吃了油腻和甜的东西。你虽然发誓要运动,但却三天打鱼两天晒网,没有常性……每个人都有过这样的经历吧?

"怎么也坚持不下去了?"

是的,笔者对此非常清楚。人都喜欢轻松愉快,想吃好吃的东西,可以说这是人的本能,所以自律很难。不过,如果你真的想减肥,还是要排除"黑盒子"的干扰,因为那些东西对减肥有不好的影响。因此,请你马上把与减肥相关的内容分成四个盒子吧。试着把甜食、夜宵、水、运动等内容进行分类。然后,在"金盒子"里,试着大大地写下你想成为怎样的自己(身材好、穿着漂亮的衣服、异性和同性都喜欢等)。请你参考上图做一下尝试。

"净是一些让人忍耐的事情……"

是的。如果忍耐的太多,人就会屈服于诱惑,那么你可以把"黑盒子"的东西稍微转移到"银盒子"里一些。例如,你戒掉了拉面和自助餐,可以稍微吃点甜食等,适当减少忍耐的东西。此外,你也可以两天吃一次甜食;虽然晚上不吃夜宵，但是可以喝点酒等，方法有很多。而且运动也可以轻松地做，如果可以，请你做一些对你来说是LOVE的运动。如果不擅长跑步，你可以快步走；如果进行紧张的肌肉锻炼对你来说有难度，可以一边看电视一边做一些简单的伸展运动。因为这并不是什么修行，所以可以稍微轻松一点，但要下功夫坚持下去。

✦ 经常随身携带写有四个盒子的纸

这种做法不仅对减肥有效，对戒烟也有效。请你把香烟的内容分成四个盒子：把吸烟的缺点（对身体不好、浪费钱等）写在"黑盒子"上，把戒烟的好处（变得健康、不用找吸烟的地方等）写在"金盒子"上；同时，把你认为的戒烟的坏处（烦躁、工作不顺利等）也写在对应的盒子上。

"戒烟也能适当地减少忍耐吗？"

是啊！虽然笔者真的希望你能立刻戒烟成功，但是不会那么容易，而且那样也会很痛苦，所以你可以采取循序渐进的方式。例如，第一周每天抽 10 支烟，第二周每天抽 8 支烟，第三周每天抽 6 支烟。这样你每天抽烟的支数逐渐减少，最终减少到零。无论如何，请你比较一下成功戒烟后"金盒子"中的自己和持续吸烟时"黑盒子"中的自己，你一定强烈希望自己成为"金盒子"的自己。另

整理人生

外,不管是减肥还是戒烟,都要经常随身携带自己写的四个盒子的纸。如果你几乎要屈服于诱惑或打破禁令时,请你看一下那张纸,看看"金盒子"和"黑盒子"里的东西。四个盒子拥有让你想起初心并对抗诱惑的力量。

通过 LOVE 和 NEED 把生活分类

08

用四个盒子存钱

整理人生

✦ 用四个盒子储蓄法好好存钱

在我们的日常生活中处处需要钱。有人认为金钱与幸福无关，但毫无疑问，金钱是很重要的。并不是说你一定要成为有钱人，但至少你不用为钱发愁，可以买到自己喜欢吃和想要的东西，不用太奢侈。如果你的晚年生活有很好的保障，那笔者无话可说，但至少目前看来，这样的保障还是有点奢望吧。不过，如果你有稳定的工作，应该能存点钱。

❀ "可是，我怎么也存不下钱来啊……"

你一定要利用的就是四个盒子储蓄法。如果你做到这一点，你的存款肯定能增加，最重要的是可以避免"浪费"。即使是同样的1万日元，购买LOVE和NEED的东西和不是LOVE也不是NEED的东西，意义完全不同。正因为如此，你首先必须好好地把支出进行分类。也就是说，所谓的四个盒子储蓄法，是从将家庭收支簿分成四个盒子开始的。

✦ 用四个盒子来分类收据

暂时1个月就可以，把你的支出全部分成四个盒子。首先一定要拿到收据，然后就很简单了，把收据分类到四

第 5 章　通过 LOVE 和 NEED 把生活分类

个盒子里；之后，请你把没有收据的东西、房租、电费、通信费等全部写在小纸条上，再进行分类。你可能会觉得有点麻烦，但是只要坚持 1 个月就可以了，所以无论如何请你尝试一下。理想的情况是，你坚持 3 个月左右，这样自己的消费倾向就会变得非常明确，但即使是 1 个月，你也可以知道大致的情况。如果你有放入"黑盒子"里的消费，下个月请你不要再把钱花在这些没用的东西上。不过，在"灰盒子"里的东西中，可能也包含着其实不需要的东西。例如，手机费乍一看也是 NEED，但是有一些是可以省下来的。即使是你认为有必要购买的食材，有一些也是因为买多了而必须丢掉吧。请你在说"因为必要"的同时，再检查一下你有没有买一些没用的东西。而问题出在"银盒子"里的东西上。"银盒子"里是 LOVE，但不是 NEED。如果你要削减很大的开支，那一定是这个盒子里的一部分。

❀ "削减 LOVE 的东西，有点……"

并不是说所有的东西都要削减，从决定限额开始吧。首先，请你检查"金盒子"和"灰盒子"里的东西，从你的收入中扣除你真正需要的东西。其中，每个月必不可少的 NEED 费用（房租、电费等），几乎是固定的。然后，请你从剩余的钱中，决定每月的存钱金额。最后剩余的金额就是你放入"银盒子"里的可以自由使用的钱。

整理人生

"总觉得只剩下一点点了。"

当然，如果你的支出比收入多，就会出现赤字。这样的话，你不但存不下钱，反而陷入了不得不借钱的囧态。你可能会认为节约很痛苦，但四个盒子储蓄法的要点是，即使是小钱，也可以把它分配给你非常 LOVE 的东西，而且没有比这更可靠的存钱方法了。就算你不能马上买超出预算的东西，也要以"存钱 3 个月，绝对买下它"为目标。只要你有这样的目标并为之努力，就一定能实现它。请你一定要尝试一下。

案例研究 6

让独居的单身女性分配 1 个月的开支

银 — LOVE & NO NEED
- 服装费（3万日元）

金 — LOVE & NEED
- 社交费用（2万日元）
- 化妆品费（1万日元）

黑 — NO LOVE & NO NEED

灰 — NEED & NO LOVE
- 房租（8万日元）
- 电话费（2万日元）
- 电费、取暖费（1.5万日元）
- 伙食费（8万日元）
- 日常用品（0.5万日元）
- 杂费（0.5万日元）

20多岁独居的F女士（单身）感叹生活很艰难："每个月都会出现赤字，也存不下钱，总觉得用奖金可以填补，但一想到没有奖金就很不安。"因此，笔者让F女士把她1个月的支出分成四个盒子（在此为了便于理解，笔者把内容简单化，金额也进行了估算）。F女士的纯收入是24万日元，合计1个月的支出是26.5万日元，确实出现了赤字。虽然她没有在"黑盒子"里放入东西，但也有几个可以削减的地方，首先是"灰盒子"里的手机费；其次，F女士好像是重度消费者，还是再重新考虑一下费用计划比较好；另外，关于伙食费，也许是因为她在外面吃饭多，1周花了2万日元（1个月8万日元），这似乎也可以削减掉；接下来是"银盒子"里的服装费，F女士的唯一爱好就是购物，但她似乎也深切地感受到应该再减少一点。"在四个盒子里分类收据，让我明确花了多少钱用于什么，我也知道了自己该花钱和该削减的地方。总之，希望不要出现赤字，这样我就可以把奖金存起来。"看来，F女士离摆脱赤字生活的日子，似乎并不遥远了。

第6章

通过 LOVE 和 NEED 实现梦想

通过 LOVE 和 NEED 实现梦想

01

写下你已实现的梦想

请你写下令你开心的、高兴的、引以为傲的事情。

1.
2.
3.
4.
5.
6.
7.
8.
9.
10.

第 6 章　通过 LOVE 和 NEED 实现梦想

✦ 写给还没找到梦想的你

在最后一章，笔者将以迄今为止做过的事情为基础，教你实现梦想的方法。人生中最幸福的事情难道不是拥有梦想吗？更进一步说，当你追逐梦想时，你应该更幸福。虽然梦想的实现也意味着梦想的结束，但是当你追逐的时候，梦想就是梦想。如果你实现了这个梦想，再找到下一个梦想就好了，这样，你会一直处于追逐梦想的状态。

❀ "等一下！虽然从刚才开始就一直说梦想，但我本来就没有梦想。"

恐怕大部分人都不知道自己的梦想是什么。正因如此，在最后一章，笔者想和大家一起思考找到梦想以及实现梦想的方法。首先，请把你迄今为止所取得的成就写到上图的横线上。在第 4 章，笔者让你写了你在工作中最开心的事情。在此，笔者也请你写出令你开心的事情，不仅仅是工作，任何事情都可以，请写出让你开心的、高兴的、引以为傲的事情。例如，下面的这些事情……

- 学生时代的事情

考试得了 100 分
在运动会上获得了第一名
可以翻转上单杠了
在作文比赛中获奖了

整理人生

在文化节上成了焦点人物

被委任为班级干部

比别人加倍努力学习

考上了志愿学校

3年一直努力地做社团活动

在大学考试中努力了

在研讨会上作的报告被老师表扬了

背着背包去海外旅行

和朋友一起成功地举办了活动

在社团中担任了部长

在就职活动中得到了内定

毕业论文受到了好评

努力打工了

参加了志愿者活动

有了不错的恋人

组建了乐队并举办了演唱会

在某个大赛上获得了冠军

- **进入社会后的事情**

成功完成了第一次被委派的工作

自己的企划方案通过了

会议发言得到了大家的赞同

完成了工作定额

涨工资了

拿到了奖金

拿到了社长奖

升职了（有了部下）

调到了期望的部门

开拓了新的客户

商品和服务引起了很大的反响

和出色的伙伴一起共事

完成了有困难的案件

让客户高兴

赢得了上司的信赖

被同事说还想一起工作

✦ 隐藏在 LOVE 和 NEED 之王中的东西

如上所示，笔者举了很多例子。其中，是不是也有适合你的呢？所有的这些，如果放入四个盒子，应该能全部进入"金盒子"吧。其中可能只有你 LOVE 的东西，但如果你能体会到其中珍贵的成就感，应该会对你的人生产生很大的影响。这样，NEED 肯定也添加进来了。

❀ **"光是想想，情绪就会高涨起来。"**

光是回想你自己完成的事情，就会萌生出自信。那么，接下来，请你从上面的例子中选出你认为最能让你有

整理人生

成就感的前 5 名吧（比 5 个少也没关系）。也许你的梦想还沉睡在这前 5 名中，但在梦想的延长线上，却有你该走的路。你可能会再一次体味到当时的感情，或许体味到更大的喜悦。这些都与你的下一个梦想和目标息息相关。为什么这么说呢？因为在 LOVE 和 NEED 中，有 LOVE 和 NEED 之王。你的人生梦想，也就是你的最终目标，都隐藏在了 LOVE 和 NEED 之王中。

通过 LOVE 和 NEED 实现梦想

02

找到你人生中真正想得到的东西

整理人生

✦ 隐藏在你心中的真正愿望

刚才，笔者把你人生中最能体味到成就感的事情聚焦到了5件。在此，笔者想从你心中的前5名开始，寻找你人生中真正想要得到的东西。例如，G先生选择的是"在社团中担任了部长""和朋友一起成功地举办了活动""自己的企划方案通过了""制作出了畅销商品""和合得来的伙伴一起完成了很棒的工作"5件。那么，这5件事情的共同点是什么呢？

> "以自己为中心，完成大事？"

简而言之，就是这样，他想影响世界。因此，笔者认为，大概G先生会对"以自己为中心，周围有合得来的伙伴"感到无比的喜悦吧。G先生"想影响很多人，想得到周围人的赞赏"的想法很强烈。让我们也看一下其他的例子。H先生选择的是"参加了志愿者活动""让客户高兴""大家都幸福地工作""给予同事帮助，受到了感谢""背着背包去海外旅行"5件。那么，H先生有什么共同点呢？

> "这次很简单，就是想对别人有所帮助。"

没错！比起自己的成功，H先生可能更喜欢支持别人。也许，对H先生而言，别人的幸福就是自己的幸福。背着背包去海外旅行似乎和帮助他人没有直接的关系，但是环游世界可能会增加他想帮助贫穷国家的想法。对H先生来说，"想帮助他人，想从他人那里得到更多的感谢"，这是他人生中真正想要达成的吧。像这样，请你回想迄今为止取得的成就，并选出你心中的前五名之后，找出它们背后的共同感情，你就能找到真正想要得到的东西。这不就是你人生最大的快乐吗？

✦ 死的时候，你不想后悔的事情是什么？

另外，考虑一下"死的时候不想后悔的事情"也是一个办法。如果就这样死去，你会后悔的没有完成的事情是什么呢？请你认真地想一想，把它们放入四个盒子里。

> "想要一个不错的恋人。"

这样的事情……也可以吧。另外，还有的人写的是"想环游世界""想建豪宅""想出书""想在南方生活""想担任受人尊敬的职位""想成为前进路上的第一人"。"想建豪宅"是指想赚更多的钱，"想出书""想担任受人尊敬的职位""想成为前进路上的第一人"是指想得到更多人的认可。"想环游世界""想在南方生活"也许是想早点退休，也许是想有自己的生活方式。当你想到死的时候不想后悔的事情时，会发现人生中真正想要得到的东西。一开始，抽象的东西也可以。如果能模糊地描绘出"想成为的自己"的轮廓，请你转移到下一步吧。

通过 LOVE 和 NEED 实现梦想

03

找到实现梦想的路标

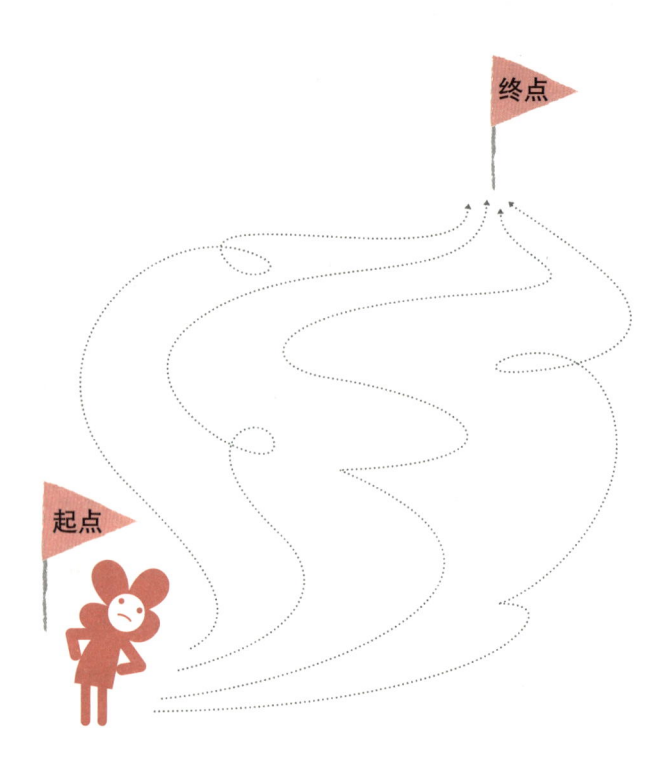

终点

起点

第 6 章　通过 LOVE 和 NEED 实现梦想

✦ 为了找到梦想，需要做什么呢？

怎么样？你的梦想轮廓，是不是一点一点地显现出来了呢？接下来，笔者想让你把那个轮廓弄清楚，让梦想变为现实。例如，假设你确定"想做受人尊敬的事情"，可是很多人都不知道具体该怎么做吧。毕竟，受人尊敬的方法各种各样。也就是说，即使你知道最终的目的地，也可以无限地思考实现梦想的方法和手段。

❀ "那么，你肯定也会不知所措吧。"

因此，笔者希望你考虑的是"现在的你"。首先，从你现在从事的工作、现在认为是 LOVE 的事情开始。因为不能突然重生为全新的自己，所以请你不要浪费迄今为止的人生，活用人生经验，朝着你的目标方向前进。就像第 4 章中所说的那样，可以选择从 LOVE 和 NEED 的工作开始；也可以像第 5 章所说明的那样，发展自己 LOVE 的爱好。如果开始的方向变得明确了，即使你并不是很清楚自己真正想得到的东西，只要你能把想到的方法和手段写出来，就可以了。此时，你可以利用的当然是四个盒子。比起是否走捷径，对你来说更重要的是 LOVE 和 NEED 的东西。因为即使绕了远路，如果是 LOVE 和 NEED 的东西，在实现梦想之前，你也会保持幸福的心情。

整理人生

✦ 定好实现梦想的路标

话说回来，也许笔者说的话有些残酷，你描绘的梦想可能无法实现。

❀ "你说得清清楚楚啊！"

当然，笔者也不能断言"谁的梦想都一定会实现"。那么只有追求梦想，才会感到幸福！而且越是享受这个过程，实际上实现梦想的可能性就越高。就算不是绝对的，但"不放弃，梦想就会实现"，这始终是没错的。理由是"动机会持续很长时间"。如果你的梦想是追逐LOVE和NEED的东西，那么你马上就会因为讨厌而放弃。正因为如此，明确与你梦想相关的LOVE和NEED的过程是很重要的。为了明确实现梦想的过程，设定短期目标很重要。例如，如果你的最终目标是"希望得到更多人的认可"，那么你首先要努力得到家人、朋友、同事等与自己亲近的周围人的认可。如果能获得他们的认可，之后你稍微扩大一下范围就可以了。你会得到上司和前辈的认可，你会在公司里得到同事的认可，你会得到客户的认可，你会被志同道合的伙伴们认可，你会在业界内得到认可，你会得到其他行业人士的认可，你会得到很多顾客的认可，你会得到整个日本的认可。然后，你会得到世界的认可……这样，你的梦想就会越来越大，并且得以实现。

第 6 章　通过 LOVE 和 NEED 实现梦想

🌸 "从你的身边开始，一步一步扩大。"

是的，突然得到整个日本的认可是很难的。明明没有得到自己身边的人的认可，却突然被别人认可，这样的事情根本就不存在。任何事情都一样。因此，你首先要设定眼前的、小的、短期内能达成的目标，并思考为此可以做些什么。这是你实现梦想的第一个路标。

通过 LOVE 和 NEED 实现梦想

04

明确自己的使命

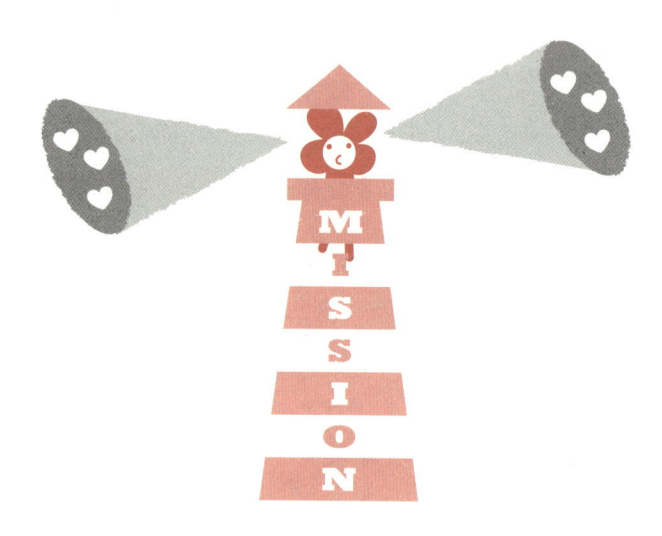

第 6 章　通过 LOVE 和 NEED 实现梦想

◆ 不仅是自己，还要考虑很多人的幸福

要实现大的梦想，不仅要考虑自己的幸福，还要考虑更多人的幸福。笔者在第 4 章也做过说明，如果你是为了你自己，当你遇到稍微让你讨厌的事情时，马上放弃的可能性就很大。以自我为中心的梦想，归根结底只属于自己。由于只有你自己会因放弃梦想而困扰，所以很容易受挫。但是如果你的梦想是为了更多的人呢？你应该不会马上放弃吧？

"现在还差点真实感……"

如果你觉得为了很多陌生人，让你感觉很虚无缥缈，那么你为了对你来说重要的人可以吧。如果你是为了爱人和孩子的幸福，即使牺牲自己，也要努力吧。一开始，为了你自己，为了你的家人；不久，梦想一个一个地实现，在扩大梦想的过程中，你可以为了更多的人……为更多的人做点什么，可以让你个人的梦想变成"使命"（任务和目的）。例如，即使一开始是"想成为有钱人"的单纯梦想，也可以设定"让很多人幸福"的使命。被称为世界第一富豪的微软公司总裁比尔·盖茨，虽然用 Windows 这个软件赚了大钱，但同时也丰富了全世界人们的生活。说不定，他本人也是先有"想丰富世界"的动机，之后才赚钱的。把软件卖给更多的人，就是得到更多人的支持。这

整理人生

无非是为更多人着想、为他们提供便利和富足的结果。

❀ "确实，赚钱与全世界人的富足和幸福是等价的。也就是说，赚钱是全世界人的富足和幸福所给予的回报。"

没错。只有以他人的幸福作为回报赚钱，才能让你幸福。例如，中了1亿日元的彩票、从别人那里骗来的1亿日元、让更多的人富起来所获得的1亿日元……即使同样是1亿日元，其价值也完全不同。哪个1亿日元对你来说最幸福，这是不言而喻的吧。为了让自己幸福，你必须让更多的人幸福。可以说，这是实现梦想的充分必要条件。

◆ 首先要明确你的使命

当你实现梦想时，请你将世界分为四个盒子，并思考世界将变得多么方便、多么丰富，人们会多么快乐。

❀ "你是在考虑自己想要完成的事情，对别人有什么影响吗？"

没错！如果你想用股票增加资产，你可以通过支持该企业来为社会作贡献，或者你可以出版一本关于股票的书来帮助更多的人。如果你想更直接地帮助有困难的人，那么你的目标就是让慈善事业成功。一旦你明确了自己的使

第 6 章　通过 LOVE 和 NEED 实现梦想

命，你的生活意义和人生道路就会变得明确。也就是说，只要你有 LOVE 和 NEED 的使命，你就能保持很高的动力。你的使命越能帮助更多的人获得幸福，更多的人就越会帮助你实现梦想。梦想不是你一个人可以达成的，而是和很多伙伴们一起追逐的。毕竟，这份喜悦一定能带给你更强大的力量。

通过 LOVE 和 NEED 实现梦想

05

写下所有你应该采取的行动

第 6 章　通过 LOVE 和 NEED 实现梦想

✦ 写出实现短期目标的行动

一旦你决定了梦想、使命和短期目标,就马上行动吧。无论你的梦想多么美好,只要你不主动行动,就绝对不会实现。只要你行动起来,就一定能看到崭新的世界。当然,在开始的时候,并不是你想象中的 LOVE 和 NEED 的世界。可是如果你不试着行动,也不会知道吧。如果你觉得很难成功,你可以用四个盒子重新思考你的短期目标。也就是说,行动不仅能接近梦想,也有助于提高梦想的精确度。正因为如此,执行力变得比什么都重要。

❀ "如果不知道从哪里开始行动,该怎么办呢?"

在这种情况下,你还是使用四个盒子吧。如果你决定了短期目标,就写出实现这个目标的行动,并进行分类。例如,如果是"成为上司认可的存在"的短期目标,请你将为此而采取的行动放入四个盒子中。很遗憾,"按照上司说的去工作"可能会进入"灰盒子",而"讨好上司"可能会进入"黑盒子"。如果"提出让上司赞叹的企划",可能会进入"金盒子"。总之,即使是一个短期目标,也有许多种为之采取的行动。请你践行进入"金盒子"的 LOVE 和 NEED 的事情吧。

整理人生

◆ **在四个盒子里再做四个盒子**

❀ **"即便如此,也很难迈出一步……"**

是的,你的短期目标可能仍然模糊不清。例如,刚才"成为上司认可的存在"的目标,不仅是"提出让上司赞叹的企划""为部门的销售额做贡献""照顾后辈"等方法也是可以考虑的。所有的这些都可以是短期目标。例如,如果是"为部门的销售额做贡献",就把为此应该采取的行动分为四个盒子。虽然也有和其他短期目标重合的部分,但如果你采取"学习营销""重新阅读顾客的问卷调查""在店面进行销售""使用社交媒体进行宣传"等容易理解的行动,是不是很容易就付诸实践呢?即便如此,如果你还不能迈出一步,只要你更具体地考虑一下,就可以了。例如,你在"学习营销"的时候,你可以采取"读某某的书""先调查有名的营销人员"等行动。也就是说,把"金盒子"中的内容再分成四个盒子进行具体分类,然后反复分类,直到最终确信"好的,这样看来可以马上行动"。

❀ **"给人一种在四个盒子里再做四个盒子的感觉?"**

是这样的。之所以不能立即行动,不是因为你没有力量,而是因为你要采取的行动没有具体化。归根结底,如

第6章 通过 LOVE 和 NEED 实现梦想

果不知道该做什么，谁也无法付诸行动。如果你使用四个盒子，具体的行动就会变得明确，同时也可以判断这是 LOVE 还是 NEED，所以不做也可以的事情以及做事情的优先顺序也都很明确了。怎么样？明白了吗？四个盒子法则不仅适用于所有领域，而且是实现快乐与梦想的有效方法。

通过 LOVE 和 NEED 实现梦想

06

用 LOVE 和 NEED 保持动力

第 6 章　通过 LOVE 和 NEED 实现梦想

✦ 能长久保持动力的秘诀是什么？

虽然昨天想着"好！干吧！"，但不知为什么今天却没有了动力……你也有过这样的经历吧？

❀ "是啊！干劲是不会长久的吧……"

首先你要知道的是，没有人能永远保持动力。有时候你会想偷懒，也会不知不觉地对自己撒娇吧。所有人都是一样的，但如果你就这样放任不管，自然就会远离梦想。成功的人和普通人的不同，就在于此。所谓成功者，就是即使在动力不足的时候，也能再次燃起内心炽热火焰的人。从这个意义上说，保持动力是实现梦想最重要的方式，这样讲不为过吧。实现梦想就像跑马拉松一样。你途中必须补充能量，有时也需要休息。有时你跑得好，有时走得慢。从起点到终点，像跑 100 米一样全力以赴，即使是超人，也不可能完成的。如果一开始就一直飞向终点，中途就会退赛。但是如果像"努力跑到那里"这样，你一个一个地完成看得见的目标，不知不觉中你就会靠近终点。

❀ "因此，短期目标很重要？"

是的。如果没有短期目标，你离实现梦想的距离太长了，可能会迷失方向。另外，周围的环境时时刻刻都在变化，所以你必须要修正目标。如果你的短期目标明确，无

整理人生

论发生什么，都很容易随机应变。而且你的短期目标越是 LOVE 和 NEED，你的动力就越能保持长久。尽管如此，一直保持动力是非常困难的。在这种情况下，可以考虑"贴上写下梦想的四个盒子""每天对自己说 LOVE 和 NEED 的话"等方法。另外，知道你自己的动力开关在哪里也很重要。如果你分析一下为什么变得有干劲，你的动力就能再现好几次。

◆ 在逆境中大显身手的四个盒子法则

"可是，也会发生无法恢复动力的事情吧？"

被别人批评或遇到困难时，也会失去动力吧。但是不管别人怎么说，你的梦想都属于你，因为那样的事而放弃，难道不觉得太可惜了吗？此时，四个盒子就大显身手了。你越是陷入逆境，越要仔细地把现状分为四个盒子。大多数的批评和挫折，恐怕都会进入"黑盒子"吧。既然对你自己来说它们既不是 LOVE 也不是 NEED，就没有必要让自己身心疲惫。如果你知道逆境的真正面目是进入"黑盒子"的内容，即使别人说了让你感到痛苦的事情，也可以左耳进右耳出，不必放在心上。只有克服阻挡在你面前的最大难关——逆境，你的梦想才会实现。因此，可以说，四个盒子法则就是为逆境而生的。

结　语

◆ 用四个盒子法则，度过美好人生

本书通过四个盒子，阐述了如何改善人际关系、如何让工作变得快乐、如何丰富生活、如何实现梦想。最根本的就是让你幸福。为此，笔者使用了四个盒子。在此，笔者想最后总结一下所有共同的重要法则。

① 发现现在的幸福；
② 始终拥有 LOVE 和 NEED 的坐标轴；
③ 把"黑盒子"（既不是 LOVE 也不是 NEED）放空；
④ 扩大"金盒子"（LOVE 和 NEED）的容量。

当你意识到这四件事时，你的每一天都会变成 LOVE 和 NEED。在那之后，一定有美好的人生在等着你。四个盒子法则，就是把你的人生分类。它是用来明确"不做的事情"和"真正应该做的事情"的工具。也可以说是"人生的家庭收支簿"，增加 LOVE 和 NEED 的存款，减少既不是 LOVE 也不是 NEED 的不必要的支出。这样，你的"幸福资产"就会越来越多。在你的人生中，肯定有令你后悔的事情，例如，"那个时候，要是做 ×× 就好了""为什么没有更早地做 ×× 事情呢"。其主要原因在于，以

整理人生

忙碌等为借口，没有意识到真正重要的事情吧。今天的选择造就明天的自己，每天的选择造就1年后的自己，1年的选择造就10年后的自己。你不想马上用四个盒子来给你的人生分类吗？如果你有什么烦恼，可以把烦恼分成四个盒子；如果你有想要实现的梦想，可以把实现它们的方法分成四个盒子。不仅如此，你还能用四个盒子来区分一切，并引导出答案。也就是说，四个盒子是你人生的路标，也是你共同度过幸福人生的重要伴侣。来吧，用四个盒子法则，开始你获取幸福的、最快乐的旅程吧！